AF524785

BEWUSST FÜHREN

NEIL SELIGMAN

BEWUSST FÜHREN

POTENZIALE ERKENNEN. SICH SELBST UND ANDERE ZUM ERFOLG FÜHREN.

EDITION OLMS

Hinweis:
Gemeint sind stets alle Geschlechter. Aus Gründen der Lesbarkeit wird auf die Nennung der Formen verzichtet.

EDITION OLMS AG
Willikonerstr. 10
CH-8618 Oetwil am See/Zürich
Schweiz

Mail: info@edition-olms.com
Web: www.edition-olms.com

ISBN 978-3-283-01302-8

Deutsche Ausgabe

Übersetzung: Stefanie Kuballa-Cottone
Lektorat: Beate Bücheleres-Rieppel
Satz: Weiß-Freiburg GmbH, Grafik und Buchgestaltung

Gestaltet und illustriert von Stuart Tolley (Transmission Design)

Bibliografische Information der Deutschen Bibliothek
Die Deutsche Bibliothek verzeichnet diese Publikation in der Deutschen Nationalbibliografie; detaillierte bibliografische Daten sind im Internet über http://dnb.ddb.de abrufbar

Printed in China

Für Jack
und alle, die für eine bessere Welt stehen.

INHALT

03 SELBSTMANAGEMENT

04 SELBSTENTFALTUNG

05 SELBSTWERDUNG

EINLEITUNG

Bewusstes Führen weist den Weg aus der Angst.

Diese abenteuerliche Reise der Selbstfindung, Inspiration und Offenbarung führt zu einer klaren, furchtlosen Geisteshaltung, die es Ihnen ermöglicht, Ihr eigenes, strahlendes Selbst zu erkennen und anzunehmen.

Bei diesem Abenteuer sind alle willkommen, denn Sie alle sind Führungspersönlichkeiten – ob Ihnen das bewusst ist oder nicht. Sie führen an Ihrem Arbeitsplatz, in Ihrer Gemeinde, zu Hause und Sie führen sich selbst, indem Sie über Ihre Entscheidungen, Worte und Taten wachen. Sie sind eine Führungsperson, selbst wenn es nicht in Ihrer Stellenbeschreibung steht oder niemand außer uns es bislang bemerkt hat.

Es liegt in Ihrer Hand, welche Wirkung Sie erzielen. All Ihre Gedanken, Ihre Worte und Ihr Handeln fließen in diesem Augenblick als Wellen durch die alles verbindende Matrix dieser Welt. Die bewusste Teilnahme an diesem Prozess macht Sie zur Führungsperson; nicht mehr und nicht weniger.

Seit Tausenden von Jahren begeben sich Menschen auf die Suche nach sich selbst, nach Wissen, Macht, Gesundheit, Reichtum, Sinn, Glück und Erfolg. Der menschliche Drang, Grenzen zu überwinden, weiter und höher hinaus zu gelangen, bringt immer erstaunlichere Leistungen in Wissenschaft, Technik und Medizin hervor.

Die Spezies Mensch hat Großartiges erreicht, aber gleichzeitig haben wir unseren Planeten ökologisch, sozial und politisch in ernsthafte Schwierigkeiten gebracht. Unsere Gesellschaften funktionieren für manche gut, aber für viele schlecht. Wir befinden uns an einem Punkt in der Menschheitsgeschichte, an dem nur ein Paradigmenwechsel hin zum Bewussten Führen die dringend benötigten neuen Lösungen bringen kann.

Die Welt ruft nach Führungspersonen, die sich ihrer selbst bewusst sind, achtsam, geistig wach und mit sich selbst verbunden. Wir brauchen Menschen, die verstehen, dass Führung nicht *Du tust, was ich sage* bedeutet, sondern *Ich empfange mit offenen Armen und wir erschaffen etwas.*

Dieses neue Paradigma des Führens können Sie hier erkunden, mitgestalten und in Ihre Welt integrieren. Bewusstes Führen ist anspruchsvoll, holt Sie aber genau dort ab, wo Sie sich befinden. Alles, was Sie mitbringen müssen, ist Neugier und die Bereitschaft zur Introspektion.

Es liegt in Ihrer Hand, welche Wirkung Sie erzielen. All Ihre Gedanken, Worte und Taten fließen in diesem Augenblick als Wellen durch die alles verbindende Matrix dieser Welt.

Das erste Kapitel behandelt die Grundlagen für Bewusstes Führen und beschreibt Instrumente und Praktiken der Selbsterkenntnis wie z. B. die Entwicklung einer eigenen Zukunftsvision, die Benennung eigener Werte oder wie man seine Ziele, Bedürfnisse und Wünsche effektiv kommuniziert. Im zweiten Kapitel liegt der Schwerpunkt auf Körper und Geist und auf der Frage, wie wir die physische Gestalt, über die wir unser Leben zum Ausdruck bringen, erschließen und optimal nutzen können.

In den Kapiteln über Selbstmanagement und Selbstentfaltung können Sie Ihr Wissen auffrischen und neue Fähigkeiten erwerben, um mit Stress, Veränderung und den Höhen und Tiefen des Lebens zurechtzukommen. Hier spielt Ihre persönliche Grundhaltung eine Rolle, und es geht um die Bedeutung von Zufriedenheit, emotionaler Intelligenz, Mitgefühl mit sich selbst und Dankbarkeit. Das letzte Kapitel bringt die Ergebnisse der Aufgaben, die Sie im Laufe der Lektionen bearbeitet haben, zusammen und behandelt die Themen Leistung, Einklang und das Führen von anderen.

Der Autor dieses Buches ist kein Guru, sondern jemand, der diesen Weg mit Ihnen beschreitet und Ihnen einige bewährte Prinzipien und Theorien an die Hand gibt, die Ihnen beim Vorankommen helfen können. Sie haben stets das Ruder in der Hand und entscheiden über Ihren nächsten Schritt.

Ob tausend Angestellte für Sie arbeiten oder Sie einer von tausend Angestellten sind, ob Lehrer, Elternteil oder Student – beim Führen geht es am Ende immer darum, wie Sie mit sich selbst, Ihren Entscheidungen und den Menschen um Sie herum umgehen. Wenn Sie einen Raum betreten, spüren die Anwesenden Ihre Präsenz, bevor das erste Wort über Ihre Lippen kommt. An dieser Präsenz möchte dieses Buch gemeinsam mit Ihnen arbeiten.

GEBRAUCHSANWEISUNG

Fünf Kapitel und 20 Lektionen behandeln nützliche, inspirierende Themen für moderne, (selbst-) bewusste Führungskräfte.

Die Lektionen bauen zwar aufeinander auf, aber Sie können jederzeit zu einem Thema springen, das Sie besonders anspricht, und von dort aus weitermachen. Falls Sie mit einer Lektion auf Anhieb nichts anfangen können, fahren Sie bitte trotzdem fort – wenn die Zeit reif ist, werden Sie darauf zurückkommen. Der Weg zum Bewussten Führen ist kein schnurgerader, ausgetretener Pfad, sondern genauso einzigartig wie Sie.

Jede Lektion stellt ein bedeutendes Konzept vor …

… und erklärt, wie man das Gelernte im Alltag anwenden kann.

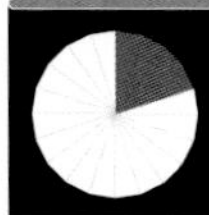

Die über das Buch verteilten TOOLKITS helfen, den Überblick über das Gelernte zu behalten.

Am Ende jedes Kapitels geben ausgewählte Tipps Anregungen ZUR VERTIEFUNG der Aspekte, die Sie am interessantesten fanden.

BUILD +
BECOME

Mit dieser neuen visuellen Reihe wollen wir Ihnen Wissen und Inspiration vermitteln.
BUILD+BECOME hilft, unsere sich rasant wandelnde Welt besser zu verstehen.
Ob man hierbei Schritt für Schritt vorgeht oder alles in einem Rutsch durcharbeitet – es lohnt, sich auf die Themen einzulassen. Genießen Sie es, Ihre grauen Zellen auf Trab zu bringen!

BEWUSST
HEISST,
HINTER
LASSEN.

FÜHREN DIE ANGST SICH ZU

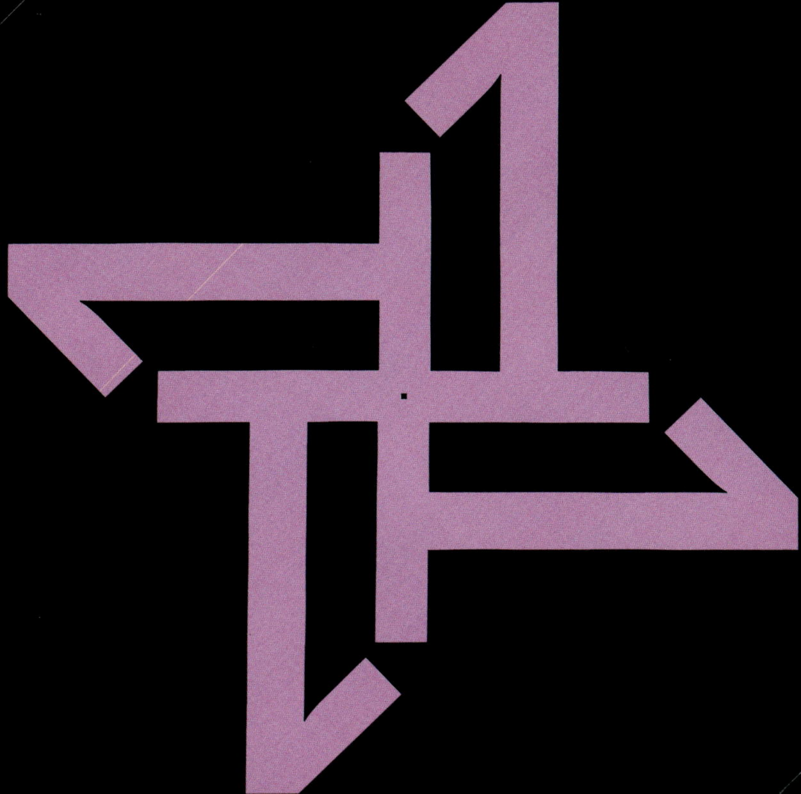

SELBSTERKENNTNIS

LEKTIONEN

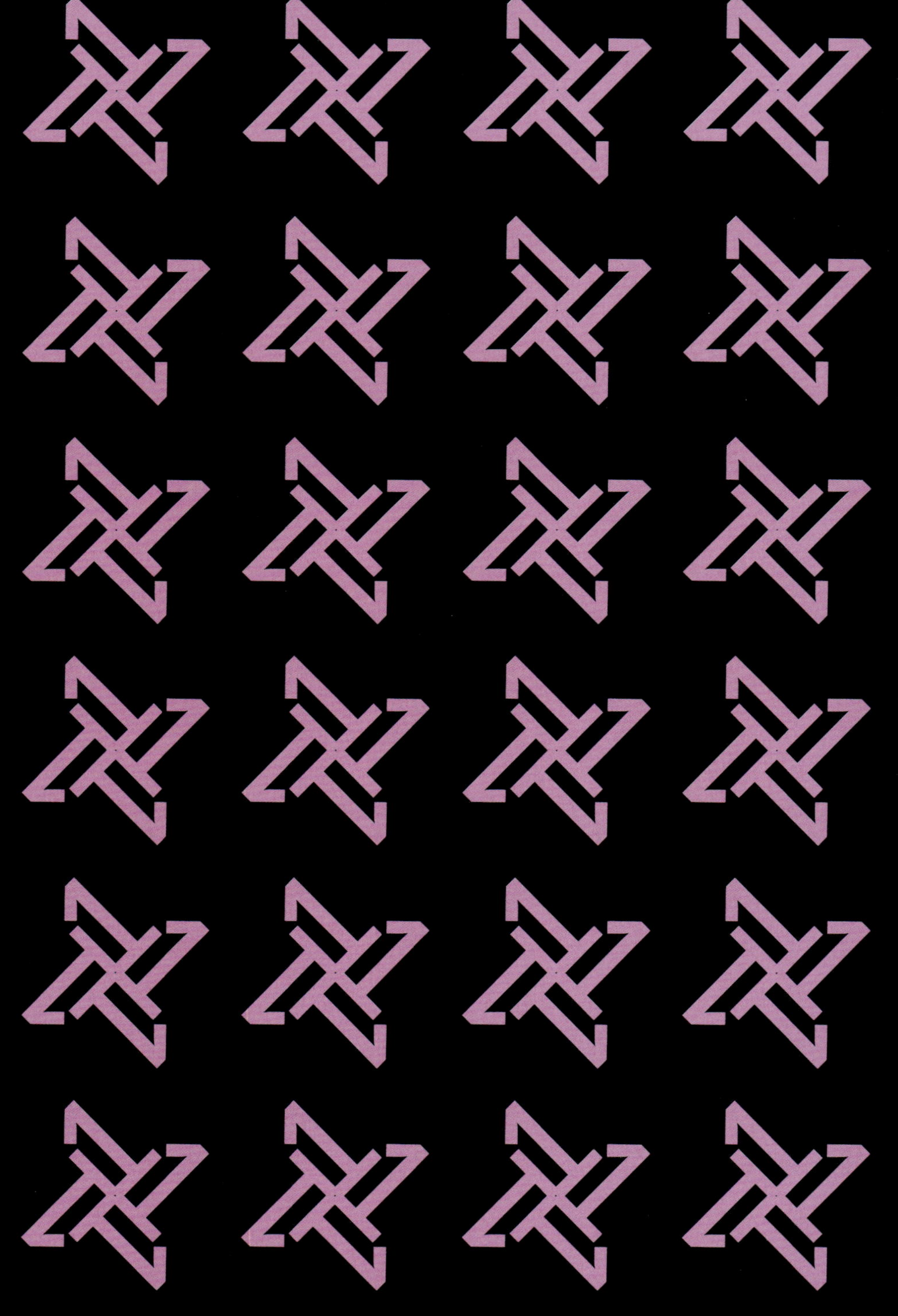

Ihre persönlichen Wahrheiten offenbaren sich im Laufe der Zeit, da Ihr innerstes Wesen im Zusammenspiel mit Ihrer Persönlichkeit, den Lebensumständen, der Sozialisation und Ihren Erlebnissen und Erfahrungen sichtbar wird.

Ein Buch über Führung mit „Selbsterkenntnis" zu beginnen, mag fragwürdig erscheinen, doch das Wissen um das eigene Selbst ist die Grundlage für alles, was wir tun, und vor allem, warum wir es tun.

Ohne Selbstkenntnis wäre es kaum möglich, die Oscar Wilde zugeschriebenen Worte zu beherzigen:

Sei du selbst. Alle anderen sind schon vergeben.

Damit Sie „Sie selbst sein" können, müssen Sie alle Dimensionen Ihrer Persönlichkeit vermessen haben. Doch Selbsterkenntnis lässt sich nicht an einem ruhigen Sonntag aus der Cloud herunterladen, und es gibt auch kein Handbuch über Ihre Vorlieben, Stärken, Schwächen, Sehnsüchte, Lernschwerpunkte und das, was vor Ihnen liegt.

Ihre persönlichen Wahrheiten offenbaren sich im Laufe der Zeit, da Ihr innerstes Wesen im Zusammenspiel mit Ihrer Persönlichkeit, den Lebensumständen, der Sozialisation und Ihren Erlebnissen und Erfahrungen sichtbar wird. Auch die Reaktionen unserer Umwelt und das Feedback von Freunden, Kollegen und Bekannten helfen uns zu erkennen, wer wir sind. Selbsterkenntnis geschieht in aller Stille, Stück für Stück, indem wir unser Leben leben und auf unsere täglichen Erfahrungen achten.

Betrachten wir dies aus einer anderen Perspektive. Auch Unternehmen und Organisationen müssen sehr genau überlegen, wer sie sind und warum sie tun, was sie tun. Bekannte Marken machen Ihren Kunden zwei Zusagen: Die funktionelle Zusage einer Fluggesellschaft lautet z. B., Passagiere von A nach B zu fliegen. Ihre emotionale Zusage übermitteln die Werbespots: Die Flüge der Kunden sind von Komfort, Verlässlichkeit, Sicherheit und Qualität geprägt.

Nun stellen Sie sich vor, Sie seien eine Marke. Was wären Ihre funktionellen und emotionalen Zusagen? Welche Aufgaben kann die Welt Ihnen anvertrauen? Was glauben Sie, wie sich die Menschen fühlen, mit denen Sie bei der Erfüllung Ihrer funktionellen Zusagen interagieren? (Werden sie sich so fühlen, wie von Ihnen erhofft?)

Solche Gedanken mögen abstrakt erscheinen, aber sie weisen den Weg zu mehr Selbsterkenntnis, und diese ist Voraussetzung für alles, was Sie als Führungsperson anderen zu geben vermögen.

VISION UND WERTE

Bewusst durch eine facettenreiche und sich stetig wandelnde Welt zu laufen, erfordert ein hohes Maß an Aufmerksamkeit, Orientierung und Entscheidungsstärke. In der Regel ist einige Arbeit und ernsthaftes Nachdenken erforderlich, um herauszufinden, was uns antreibt und wofür wir stehen. Indem Sie jetzt in diese Aufgabe Zeit investieren, stellen Sie für Ihren Zug Richtung Bewusstes Führen die Weichen auf Erfolg.

Ihre Lebensvision sagt aus, wer Sie sein werden, und beschreibt die Zukunft, die Sie betreten. Wer mit einer Vision lebt, folgt einer selbstgewählten Richtung, bemüht sich um verbesserte Eigenwahrnehmung, öffnet sich mutig seinem Potenzial, blickt hoffnungsvoll in die Zukunft und verkauft sich nicht unter Wert. Deshalb erfordert das Entwickeln der eigenen Lebensvision eine gewisse Furchtlosigkeit und viel Offenheit.

Ihre Vision und Ihre persönlichen Werte entwickeln sich mit Ihnen zusammen. Sehen Sie die folgenden Übungen daher als Entdeckungsfahrten. Ihre heutigen Antworten sind nicht in Stein gemeißelt, denken Sie daher nicht zu lange nach, notieren Sie die Worte, Bilder und Gedanken, die Ihnen in den Sinn kommen. Ausarbeiten können Sie sie später.

+ DIE ÜBUNG

Setzen Sie sich aufrecht, aber bequem hin. Nehmen Sie einen tiefen Atemzug und stellen Sie sich vor, Sie könnten einige Jahre in die Zukunft schauen. Ihr Leben hat sich in eine vollkommen überraschende, erfreuliche Richtung entwickelt. Ihr zukünftiges Ich sieht ausgeruht und zufrieden aus. Ihr Auftreten und Verhalten vermittelt Leichtigkeit, ihre Bewegungen sind fließend. Verspannungen im Schulterbereich haben sich gelöst. Ihre Stirn fühlt sich entspannt an, auch Ihr Geist. Ihre Gedanken sind klarer geworden, reifer, kraftvoller.

Während Sie sich dieser Zukunft öffnen, lächeln Sie, denn Sie sehen, dass Sie glücklich, gesund, stark und vital sind. Sie sind voller Energie, dynamisch, selbstbewusst und mutig. Und sie spüren eine neue Tiefe Ihres Mitgefühls und Ihrer Liebe. Sie fühlen sich leicht. Freudig und mühelos schenken Sie der Welt, was Sie zu geben haben.

Stellen Sie sich nun die folgenden Fragen. Vielleicht möchten Sie die Augen schließen, um Ihre Gedanken besser bündeln zu können. Notieren Sie Ihre Beobachtungen. Alle Eindrücke und Antworten sind erlaubt.

01. Wo befinden Sie sich in dieser Zukunft?
02. Wer ist bei Ihnen und spielt in dieser Vision eine Rolle?
03. Womit verbringen Sie Ihre Zeit?
04. Was tun Sie?
05. Was sieht anders aus oder fühlt sich anders an?
06. Gibt es sonst noch etwas aus der Vision, das Sie aufschreiben möchten?

BENENNEN SIE IHRE WERTE

Wenn Sie Ihre Werte erkennen und sich zu eigen machen, dienen Sie Ihnen als Kompass, der Sie sicher durch schwierige geschäftliche Situationen oder wichtige Beziehungsfragen führt. Bewusst zu leben und zu führen, erfordert wohlüberlegte Entscheidungen, denn Sie müssen Wirkung, Risiko, Kosten und Nutzen abwägen. Ihre Werte beschreiben, was Ihnen am wichtigsten ist und wofür Sie stehen. Wenn schwere Entscheidungen, unsichere Zeiten oder Konflikte bevorstehen, können Sie Ihre Werte befragen und so Ihre Integrität wahren.

Konzerne formulieren ein Unternehmensleitbild um zu beschreiben, welche Zukunft sie anstreben. Die Vision meiner eigenen Firma „The Conscious Professional" lautet: *Bewusste Unternehmen mit aufgeklärten Führungskräften.* Ob sie zu Lebzeiten wahr wird oder nicht – sie gibt uns eine Richtung vor und hilft uns, Entscheidungen im Einklang mit unseren Intentionen zu treffen.

Eine klare Vision für Ihr Leben erfüllt den gleichen Zweck. Aus der Übung von Seite 18 haben Sie bereits einige Informationen. Jetzt ist es Zeit, Ihre Vision mit einer klaren Intention zu verbinden. Im Zentrum Ihres Leitbilds können Sie selbst stehen, Ihre Hoffnungen und Träume, Ihre Familie, Freunde, Firma, die Gesellschaft oder der Planet.

BEISPIELE

- **In meiner Vision führe ich ein Leben voller Spaß und Abenteuer.**
- **In meiner Vision führe ich ein innovatives Unternehmen, das die Zukunft der Handelsgüter verändert.**
- **In meiner Vision bin ich die beste Anwältin im ganzen Land.**
- **In meiner Vision bin ich selbstsicherer und beginne ungehindert ein neues Lebenskapitel.**
- **In meiner Vision gehe ich im Dienst für meine Familie und Gemeinde auf.**
- **In meiner Vision arbeite ich mit den größten Genies der Welt zusammen.**

NUN SIND SIE AN DER REIHE:

- **Denken Sie über Ihre bisherigen Antworten nach und notieren Sie Ihr persönliches Leitbild.**
- **„In meiner Vision ..."**
- **Sagen Sie es laut.**

Jetzt, da Sie Ihr Leitbild formuliert haben, ist es Zeit, über die Werte nachzudenken, die Ihnen Orientierung geben. Fragen Sie sich: Was ist im Moment am wichtigsten? Wählen Sie drei Begriffe aus dem Kompass (rechts), die Ihre Werte am besten beschreiben, oder fügen Sie eigene hinzu. Schreiben Sie sie auf.

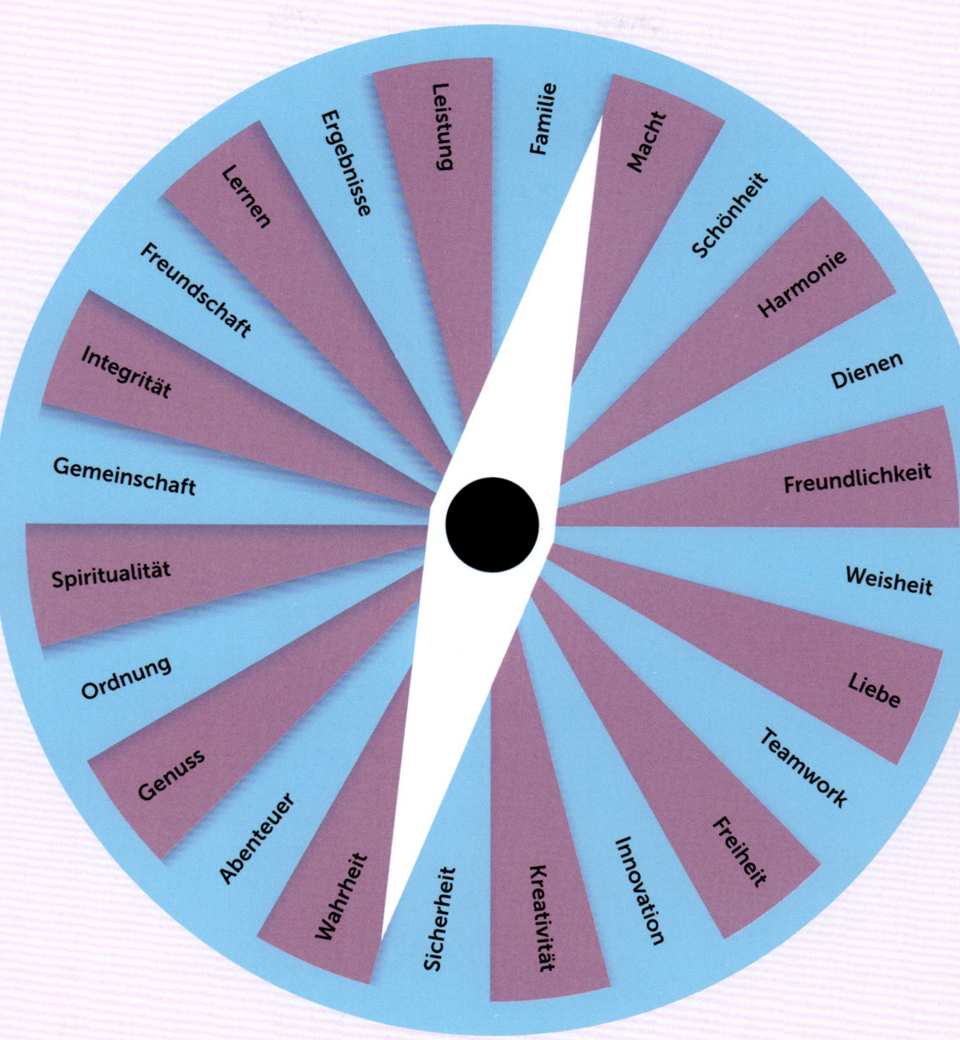
Familie
Macht
Schönheit
Harmonie
Dienen
Freundlichkeit
Weisheit
Liebe
Teamwork
Freiheit
Innovation
Kreativität
Sicherheit
Wahrheit
Abenteuer
Genuss
Ordnung
Spiritualität
Gemeinschaft
Integrität
Freundschaft
Lernen
Ergebnisse
Leistung

MISSION

Eine deutliche Vision ist erst der Anfang. Die nächste Herausforderung besteht darin, Ihr Ziel in Hunderte, Tausende kleine, konsequente, beherzte Taten umzusetzen. Wahrscheinlich tun Sie das längst. Betrachten Sie die nächste Übung daher als Auffrischung.

Beginnen wir mit dem Konzept des „Richtigen Handelns".

Richtiges Handeln kann als „Handeln im Einklang mit dem Ganzen" definiert werden und als praktische Hilfe bei der Entscheidungsfindung dienen.

Als Führungsperson wie als Mensch stehen Sie häufig vor sprichwörtlichen Weggabelungen. In diesem schwierigen Moment verlangt Richtiges Handeln, drei Dinge zu bedenken: das Individuum (ich), die Gruppe (wir) und das Ganze (wir alle).

Anders ausgedrückt: Wenn wir eine Entscheidung treffen, müssen wir Folgendes berücksichtigen:

01. uns selbst (egozentrisch)
02. die unmittelbar Betroffenen (ethnozentrisch)
03. die größere Gemeinschaft (weltzentrisch)

Dieser Prozess hilft Ihnen, bei jedem Dilemma oder Problem eine Lösung zu finden, die den Welleneffekt berücksichtigt.

In der Geschäftswelt arbeiten viele Menschen in Unternehmen, die den Wert dieses Ansatzes noch nicht erkannt haben und stattdessen einen egozentrischen Ansatz pflegen. Wenn das auch auf Sie zutrifft und Sie eine Änderung für unmöglich halten – genau deswegen geht es hier um Führung. Führen bedeutet oft, die Richtung zu ändern, gegen den Strom zu schwimmen und neue Wege zu gehen. Die vielleicht schönste Formulierung für diesen Umstand stammt von Gandhi: „Sei du selbst die Veränderung, die du dir wünschst für diese Welt."

RICHTIGES HANDELN BEDEUTET

- **Tun, was man am liebsten tut, an einem spannenden Ort, auf eine Art und Weise, die anderen hilft.**
- **Ruhig dasitzen, bis harmonische Klarheit eintritt.**
- **Brainstorming mit den Betroffenen, bevor Sie die Entscheidung fällen.**
- **„Nein" sagen, wenn alle anderen im Raum „Ja" oder gar nichts sagen.**
- **Selbst Teil der Veränderung zu sein, die Sie sich in einem Gespräch wünschen.**

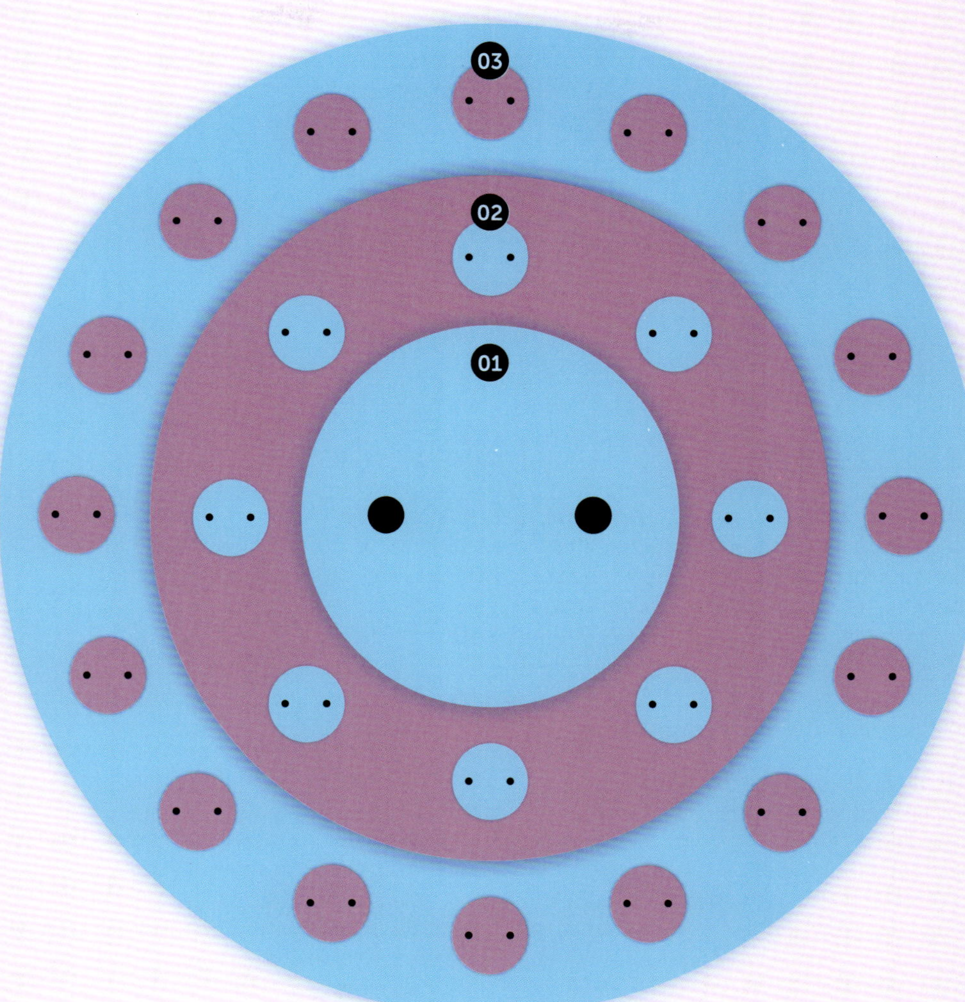
03
02
01

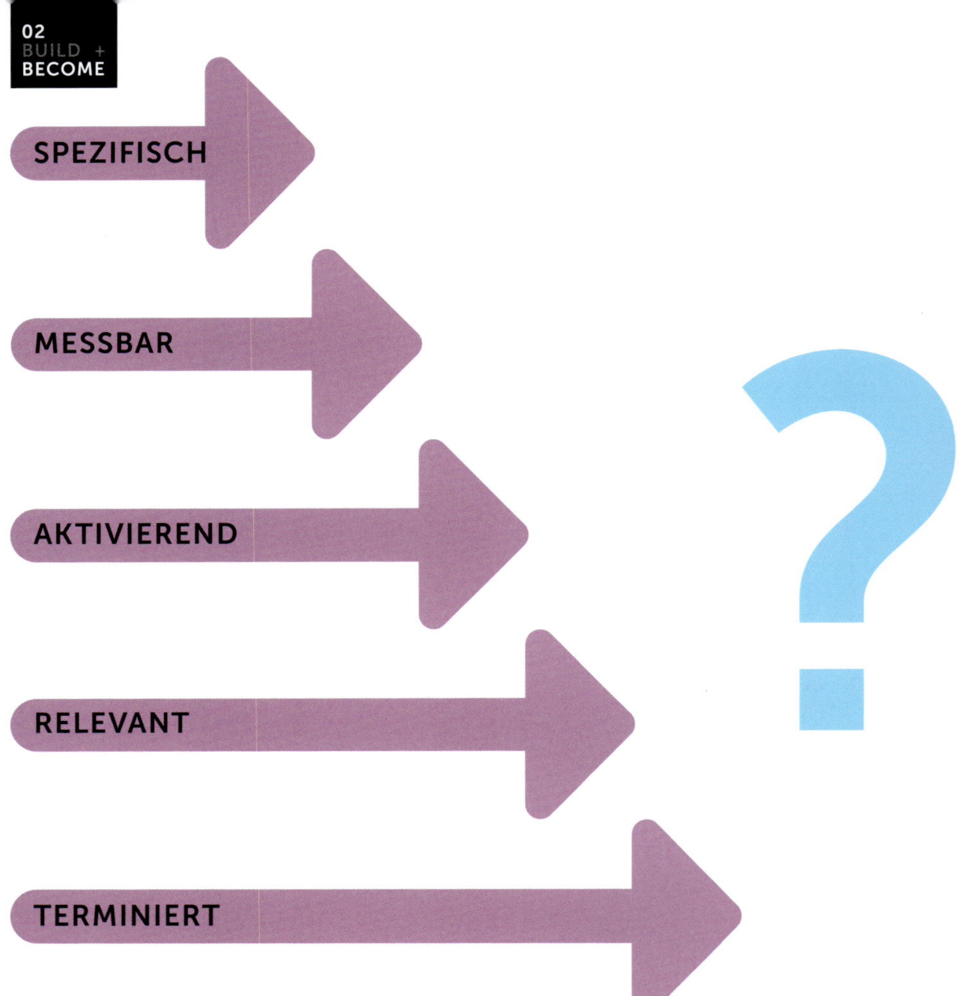

S.M.A.R.T. ZUM ZIEL

Zielsetzungen müssen klar formuliert und ihre Bestandteile zerlegt werden. So werden aus Zielen Projekte, Aufgaben und Prozesse. Tägliche Übungen und wöchentliche oder monatliche Check-ins halten uns auf Kurs und ermöglichen es uns, unsere Fortschritte zu überprüfen, die Auswirkungen zu beobachten und Verbesserungen zu entdecken. Wenn Sie die folgenden Vorschläge hinsichtlich der Ziele und To-do-Listen beherzigen, haben Sie beste Chancen, Ihre Vorgaben zu erreichen.

Check-in: Ziele

Ein Ziel ist ein Ausdruck Ihrer Intention und die Verpflichtung, Energie aufzuwenden, um Ihre Absichten umzusetzen. Wenn es um Ihre Lebensvision geht, werden Sie zwangsläufig auf zahlreiche Ziele hinarbeiten, große und kleine. Die Kriterien für „SMARTe" Ziele dürften bekannt sein, aber dennoch scheitern wir häufig daran, die Theorie in die Praxis umzusetzen, unterlassen es z. B., den Fortschritt regelmäßig zu überprüfen. Wenn Sie sich länger nicht mehr mit SMART befasst haben, ist dies ein guter Anlass zur Auffrischung.

+ DIE ÜBUNG

Erstellen Sie eine Liste Ihrer aktuelle Ziele und stellen Sie sicher, dass sie den SMART-Kriterien entsprechen. Formulieren Sie sie um, wenn nötig, und denken Sie daran, sich selbst Rechenschaft über Ihr Vorankommen abzulegen, indem Sie wöchentliche oder monatliche Ziel-Check-ins in Ihren Kalender eintragen.

To-do-Listen

Früher habe ich jeden Morgen eine unrealistische To-do-Liste erstellt, den ganzen Tag versucht, sie abzuarbeiten, und abends saß ich dann mit einem Haufen unerledigter Aufgaben da, die ich auf den nächsten Tag verschob. Das wäre in etwa so, als wollte ein Bergsteiger einen hohen Gipfel erklimmen, würde aber – egal wie hoch er klettert – jeden Abend immer nur das Basislager erreichen. Ziemlich zermürbend.

Statt sich die tägliche Dosis Enttäuschung abzuholen, sollten Sie Ihre To-do-Liste umformulieren und die Aufgaben auf die nebenstehenden vier Kategorien aufteilen.

Am Ende des Tages haben Sie ein viel realistischeres Gefühl dafür, was Sie tatsächlich erreicht haben, und Ihre ERLEDIGT-Liste wird Sie überraschen! Schreiben Sie jeden Tag eine neue Liste, damit Sie die „Altlasten" des vorherigen Tages nicht auf den folgenden Tag übertragen.

HEUTE

Aufgaben, die Sie, realistisch betrachtet, heute erledigen können.

IN ARBEIT

Größere Aufgaben/Projekte, an denen Sie arbeiten, die Sie aber heute nicht abschließen können.

NICHT VERGESSEN

Aufgaben oder Projekte, die Sie im Kopf behalten wollen, obwohl Sie heute nicht an ihnen arbeiten.

ERLEDIGT

Aufgaben, die Sie heute erledigt haben, die auf keiner Ihrer Listen standen.

JETZT NEH
IHRE ZIELE
ÜBERSET
TÄGLICHE
HANDLUN

MEN SIE

UND

ZEN SIE IN

GEN.

IHR WORT

Ihr Leben gründet auf zahlreichen Verträgen und Vereinbarungen, für die Sie mit Ihrem Wort einstehen. Das mag sich merkwürdig anfühlen, denn normalerweise drücken wir uns nicht so aus, wenn wir über das Leben nachdenken. Sie geben Ihr Wort, wenn Sie einen Vertrag unterzeichnen oder – mündlich oder schriftlich – eine Abmachung treffen. Es gibt externe Vereinbarungen mit anderen, z. B. Arbeitsverträge, und interne, die Sie mit sich selbst treffen, z. B. immer das Beste zu geben oder sich um Ihre Mutter zu kümmern. Alles, wozu Sie Ihr Wort gaben, fließt in Ihre Lebenserfahrung ein.

Ihr Wort ermöglicht Ihnen, Ihrer Identität und Ihren Lebensumständen durch Narrative und Beziehungen einen Sinn zu geben. Sie benutzen Ihr Wort, um etwas zu erbitten, mit anderen zu kommunizieren, Teil von etwas zu sein, um zu führen und zu inspirieren. Ihr Wort ist wichtig und soll gehört werden.

Im Paradigma des Bewussten Führens zählt Ihr Wort, wenn es klar und eindeutig ist und dem Raum jenseits der Angst entspringt. Worte, die mit unverfälschter Klarheit formuliert werden, sind mächtig. Worte aus dem Raum jenseits der Angst sind authentisch und im Einklang mit Ihrer inneren Mitte. Kommt beides zusammen, entsteht etwas Neues, und die Welt verändert sich.

Dominiert hingegen die Furcht und fehlt es an Klarheit, dann zieht Ihr Wort Chaos, dramatische Entwicklungen und Enttäuschung nach sich.

Da viele Ihrer inneren Vereinbarungen in der Vergangenheit, teils bereits in der Kindheit getroffen wurden, sind Ihnen vielleicht nicht alle bewusst. Es lohnt sich daher, Sie hervorzukramen und von nun an regelmäßig zu prüfen, ob sie noch zu Ihnen passen und authentisch sind.

+ DIE ÜBUNG

STUFE 1

Erstellen Sie eine Liste Ihrer gegenwärtigen Verträge und Vereinbarungen.

Verträge

Arbeitsvertrag, Ehevertrag, Finanzverträge ...

Externe Vereinbarungen

Beziehungsabsprachen, Familienabkommen, Gemeinschaftsvereinbarungen ...

Interne Vereinbarungen

Ich verspreche mir, dass ich ...

STUFE 2

Bevor Sie Ihre Vereinbarungen durchsehen, lesen Sie die folgende Liste von Bronnie Ware über die fünf Dinge, die sterbende Personen am häufigsten bereuen:

01. Ich wünschte, ich hätte mich getraut, mein Leben so zu leben, wie es mir entsprach, und nicht so, wie es andere von mir erwarteten.

02. Ich wünschte, ich hätte nicht so hart gearbeitet.

03. Ich wünschte, ich hätte den Mut besessen, meine Gefühle zu zeigen.

04. Ich wünschte, ich hätte den Kontakt zu meinen Freunden aufrechterhalten.

05. Ich wünschte, ich hätte mir erlaubt, zufriedener und glücklicher zu sein.

STUFE 3

Wenn Sie jetzt Ihre Liste betrachten, prüfen Sie, ob alles, was Sie einmal zugesagt haben, sich im Einklang mit Ihren Werten befindet. Wenn es Sie drängt, Verträge zu ändern, zu lösen oder weitere hinzuzufügen, tun Sie das mit Bedacht oder machen Sie sich eine Notiz, hierüber noch einmal nachzudenken.

DIE MACHT DER KLARHEIT

Um Ihr Wort mit Ihrer Vision, Ihren Werten und Zielen optimal in Einklang zu bringen, sollten Sie sich jeden Morgen auf Ihre Intentionen einschwören, indem Sie die unten stehenden Sätze vervollständigen.

Machen Sie eine feste Gewohnheit daraus! Nehmen Sie sich einige Augenblicke, um über Ihren Atem im Jetzt anzukommen. Dann lesen Sie jede Aussage und ergänzen sie spontan und ehrlich. Sie können die Antworten entweder laut aussprechen oder in Ihr Notizbuch schreiben – so können Sie Ihre Intentionen protokollieren.

Wenn Sie die Übung täglich machen, überrascht Sie vielleicht manches, was Sie sagen oder schreiben – das ist ganz normal. Spontane Äußerungen sind manchmal weise, manchmal bedeutungslos. Vertrauen Sie auf das, was kommt, und achten Sie darauf, wie Ihre Antworten sich im Lauf der Tage und Wochen entwickeln.

01. Heute widme ich mich ganz:
02. Heute leiste ich meinen Beitrag durch:
03. Heute bin ich dankbar für:
04. Heute lasse ich los:
05. Heute vergebe ich:

Morgenritual

Als eine Art Mikrokosmos Ihres Lebens umfasst Ihr Morgenritual alle Handlungen zwischen Aufwachen und Verlassen der Wohnung – es ist der Auftakt zu Ihrem Tag: duschen, Zähne putzen, frühstücken, anziehen usw.

Meine spirituelle Morgenpraxis nach dem Aufwachen enthält Atemübungen, Dehn- und Kraftübungen, Meditation und Intentionen. Dank dieses Rituals kann ich mich auf mich selbst besinnen, aus der morgendlichen Energie schöpfen und mich mit meinen Visionen und Werten verbinden.

Im Laufe der kommenden Lektionen werde ich Sie auffordern, Ihr Morgenritual zu erweitern. Vielleicht können Sie nicht mit allen Vorschlägen etwas anfangen, aber experimentieren Sie einfach mit denen, die Sie interessieren, und notieren Sie die Auswirkungen jeder Erweiterung. Am Ende des Buches haben Sie ein auf Sie zugeschnittenes Ritual.

PRAKTISCHE ÜBUNG
Um in Ihrem Morgenritual Raum für Neues zu schaffen, stelle ich Ihnen eine Sieben-Tage-Aufgabe: Schauen Sie die ersten 30 Minuten nach dem Aufwachen nicht auf Ihr Smartphone. Wenn die Wissenschaft recht hat, werden Sie eine positivere Einstellung bei sich beobachten und weniger gestresst sein. Setzen Sie die Praxis fort, wenn Sie positive Auswirkungen auf Ihre geistige Klarheit und Ihr Wohlbefinden feststellen.

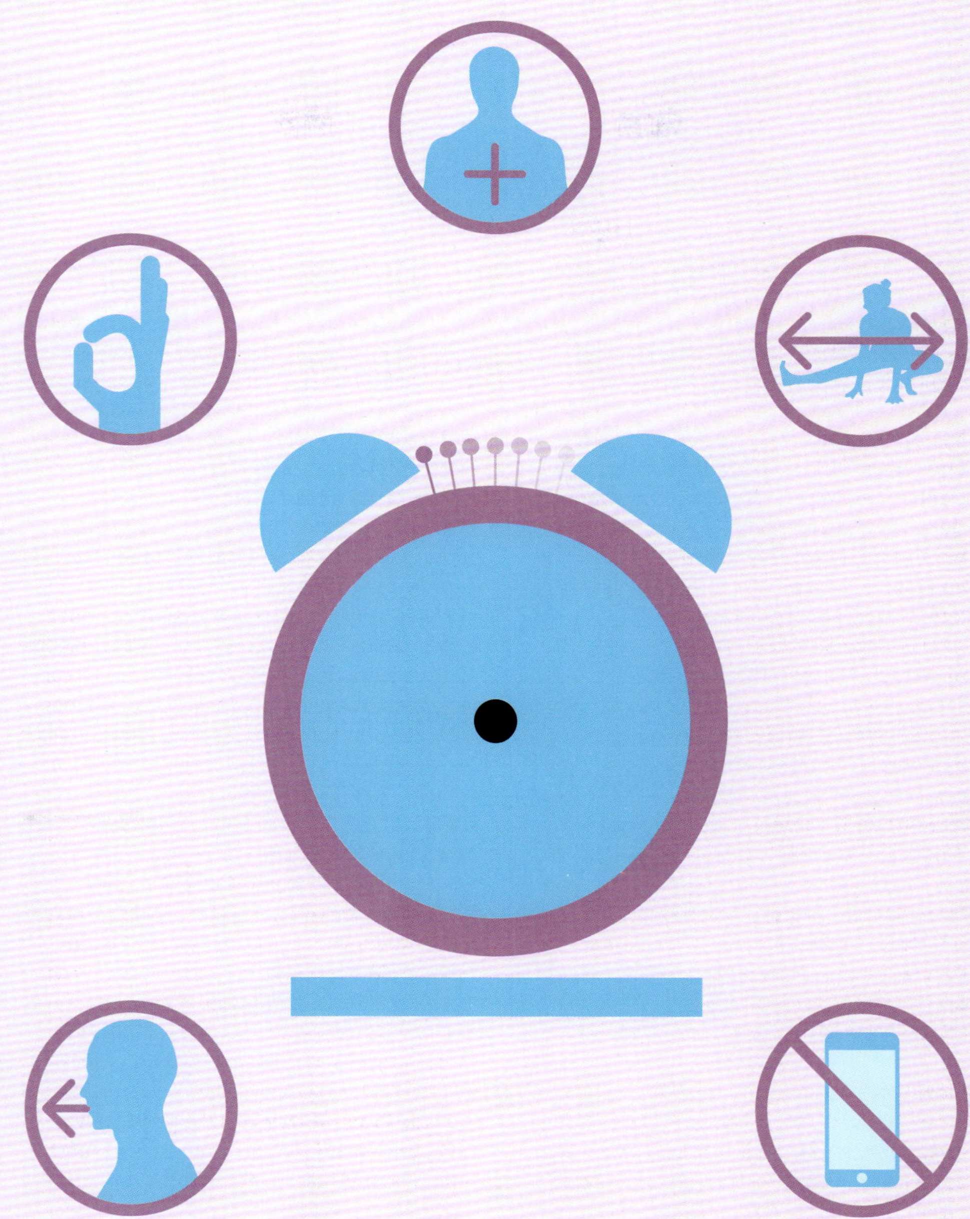

GRENZEN

Ein einzelnes Wort kann den Lauf der Geschichte verändern: Ja. Nein. Halt. Los.

In der Theorie klingt es einfach, Grenzen zu ziehen, aber sie in der Praxis zu kommunizieren und klar und empathisch durchzusetzen, ist es nicht. Klare Grenzen machen unseren Alltag friedlich, locker und leicht. Schwache Grenzen hingegen überfordern, sie erzeugen Ärger und das Gefühl, ein Opfer der Umstände zu sein.

Um Grenzen setzen zu können, müssen Sie sich zunächst im Klaren darüber sein, was für Sie okay ist und was nicht. Das ist zutiefst persönlich und erfordert vielleicht einiges Nachdenken. Viele sind so sozialisiert, dass sie allen gefallen wollen, und kennen ihre tatsächlichen Vorlieben kaum. Wenn Sie feststellen, dass Sie die meisten Fragen mit *Ist mir egal* beantworten, nehmen Sie sich jeden Tag etwas Zeit und erlauben sich, nach innen zu horchen und Ihre Präferenzen zu äußern. Beginnen Sie mit Kleinigkeiten und steigern Sie sich. Mit Egoismus hat das nichts zu tun, sondern mit Bewusstwerdung.

Die Kunst des Neinsagens

Die Kunst des Bewussten Führens besteht darin, *Ja* zu sagen und es von ganzem Herzen zu meinen, und *Nein* zu sagen und gleichzeitig verbunden zu bleiben.

Als mein Praktikum in einer Anwaltskanzlei begann, riet mir ein Freund, hin und wieder Nein zu sagen, wenn die Büroangestellten mir eine Aufgabe übertrugen. Es war schrecklich für mich, aber ich habe seinen Rat mehrfach befolgt und dabei immer gute Gründe angeführt. So habe ich früh gelernt, dass man sich mit dem Neinsagen-Können Respekt verschafft.

Menschen, die zu häufig Ja sagen, muten sich zu viel zu, sind überfordert. Die Ursache dafür liegt in der irrigen Auffassung, *Nein* zu sagen sei eine Zurückweisung der fragenden bzw. bittenden Person. Bedenken Sie, dass es möglich ist, eine Aufgabe oder Vereinbarung abzulehnen, aber trotzdem mit der Person verbunden zu bleiben – es kann die Beziehung sogar stärken! Byron Katie, Begründerin der Methode *The Work*, spricht vom „liebevollen Nein". Dieses Nein ist voller Güte, Mitgefühl und der Absicht, weiter verbunden zu bleiben.

Wenn Sie das Gefühl haben, dass Ihr Nein missverstanden werden könnte, sprechen Sie es an. Vielleicht können Sie das Nein erklären, bedauern oder eine Alternative anbieten. Denken Sie vor allem daran, dass alle Beteiligten davon profitieren, wenn Sie sich nur für die Dinge verpflichten, die Sie von ganzem Herzen bejahen können.

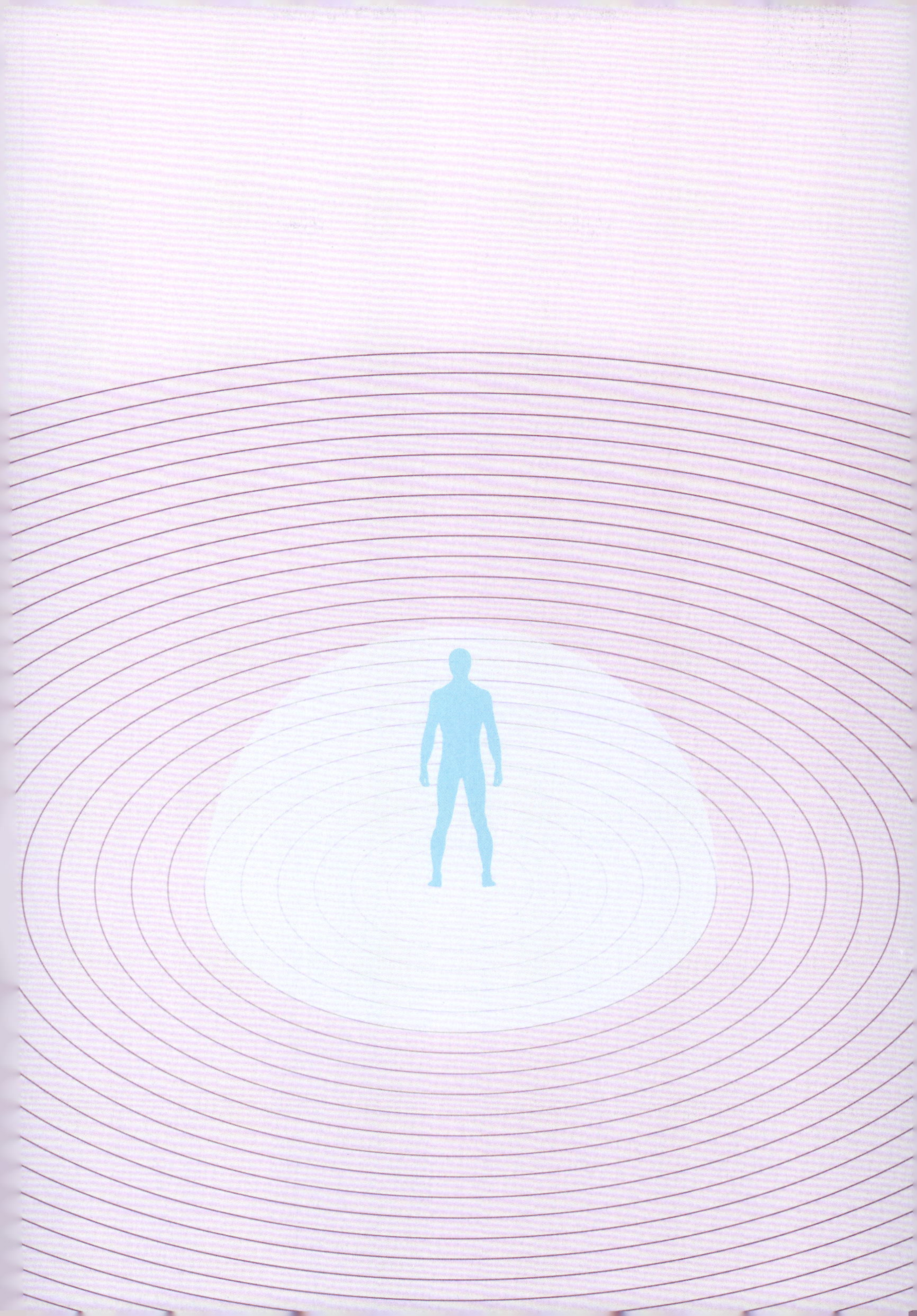

SCHATTENARBEIT

Man wird nicht dadurch erleuchtet, dass man sich Lichtgestalten vorstellt, sondern durch Bewusstmachung der Dunkelheit.
C. G. Jung

Bei der Erkundung unseres Selbst dürfen wir nicht aus den Augen verlieren, dass wir aus Licht und Dunkelheit bestehen. Unser „Schatten" besteht aus unerwünschten und unterdrückten Anteilen unserer Persönlichkeit – all den Dingen, die wir an uns nicht mögen, nicht akzeptieren können oder nicht sehen. Wenn jemand Ihre Schatten-Eigenschaften hervorhebt, fühlen Sie sich vielleicht ungerecht behandelt oder peinlich berührt.

Mein Schatten-Ich ist z. B. arrogant, skrupellos, unhöflich, zornig, übellaunig und glaubt, dass das Leben sinnlos ist. Zu lernen, diese schwierigen Wahrheiten anzunehmen, statt mich vor ihnen zu fürchten, war nicht leicht, erlaubte mir aber, mich selbst authentischer zu erleben; es hat mich vervollständigt und mir mehr Frieden gebracht.

Indem wir den Schatten im Lichte der Bewusstheit beleuchten, ersetzen wir das Leugnen unerwünschter Persönlichkeitsanteile durch eine mitfühlende Akzeptanz der persönlichen Wahrheit. Der Schatten hat keine Macht mehr über uns und kann friedlich integriert werden. Indem wir widersprüchliche Aspekte unseres Wesens anerkennen und annehmen, ermöglichen wir ihre Transformation und Integration.

Das Beleuchten des Schattens soll keine Vorlage zur Selbstgeißelung sein, sondern Ihnen die Möglichkeit geben, diesen naturgegebenen Aspekt Ihres Menschseins zu erkennen und gnädig mit sich selbst zu sein.

+ DIE ÜBUNG

Den Schatten anzunehmen, ist eine tiefgründige Aufgabe, die Mut und ein stabiles Fundament erfordert. Wenn Sie sich heute nicht gesund, stark und zentriert fühlen, machen Sie diese Übung an einem anderen Tag oder zusammen mit einem Freund oder Profi.

Nennen Sie drei negative Eigenschaften, die andere Ihnen zugeschrieben haben und die sie nur schwer akzeptieren können.

01.

02.

03.

Nennen Sie drei Emotionen, deren Äußerung Ihnen vor anderen schwer fällt.

01.

02.

03.

Nennen Sie drei Trigger, die eine defensive oder wütende Reaktion hervorrufen.

01.

02.

03.

Nun nehmen Sie einen tiefen Atemzug, schauen sich Ihre Listen an und geben sich die Erlaubnis zu sehen, wo Ihre Herausforderungen liegen. Bedenken Sie, dass hinter jedem Verhalten nuancierte Gedankengänge, Muster und Gewohnheiten stehen. Schenken Sie sich Mitgefühl, denn Sie tun Ihr Bestes im Rahmen Ihrer Möglichkeiten. Wir alle kämpfen. Machen Sie sich bewusst, dass Sie so, wie Sie sind, in Ordnung sind.

TOOLKIT

01

Am Anfang Ihrer Entwicklung zur bewussten Führungskraft ist es wichtig, dass Sie sich die Zeit nehmen, eine Vision von sich selbst und der vor Ihnen liegenden Zukunft zu entwickeln. Der Weg zu dieser Vision ist mit komplexen Entscheidungen gepflastert. Indem Sie Ihre Werte benennen und beachten, gewinnen Sie Kontinuität, Klarheit und sichere Orientierung, wenn es darum geht, den nächsten Schritt zu planen.

02

Jedes Ziel, das Sie bislang erreicht haben, bestand aus einer Vielzahl kleiner, praktischer Handlungen, die Sie, eine nach der anderen, Ihrem Ziel nähergebracht haben. Auf diesen kleinen Handlungen baut unser tägliches Leben auf. Statt immer härter und länger zu arbeiten, lernen Sie im Lauf der Zeit, effizienter vorzugehen, indem Sie Ziele, Listen und Zeitpläne nutzen, um Ihr Vorankommen zu organisieren.

20
19
18
17
16
15
14
13
12
11

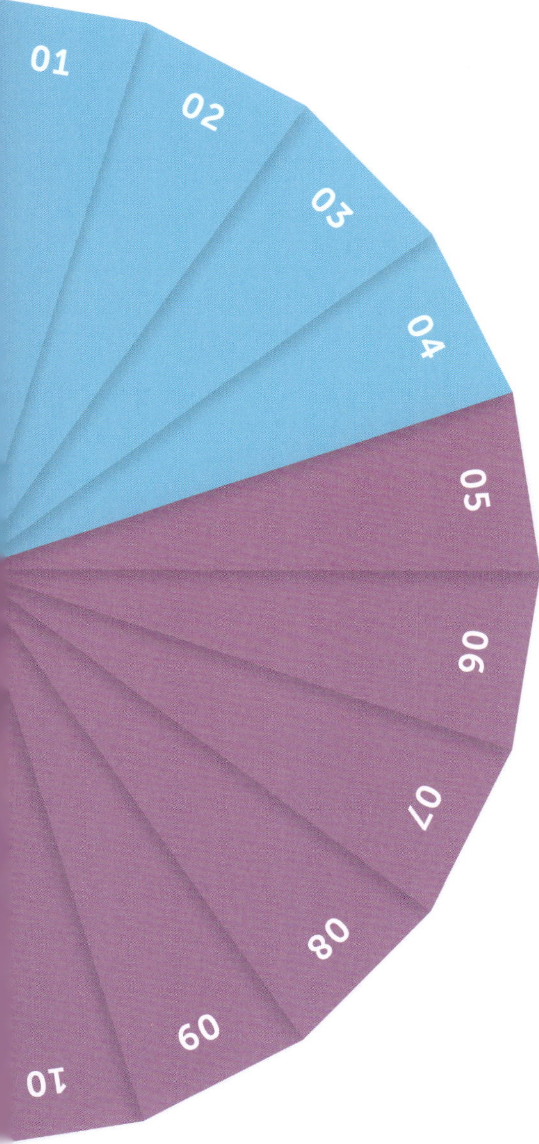

03

Kommunikation ist die Grundlage aller menschlicher Bestrebungen. Was Sie in Gestalt von Verträgen und Vereinbarungen versprechen, wird Teil Ihrer Lebenserfahrung. Klarheit und Präzision haben Priorität. Ihr Wort ist wichtig, also bringen Sie es in Einklang mit Ihren Werten und Intentionen und sorgen Sie dafür, dass es gehört wird.

04

Ja sagen ist leicht, ganz im Gegensatz zum *Nein* sagen. Das Beherzigen von klaren Grenzen ist von entscheidender Bedeutung, wenn Sie einen konsequenten, empathischen und integren Führungsstil anstreben. Alle Aspekte Ihrer Persönlichkeit zu kennen und zu verstehen, verleiht Ihrem Leben mehr Klarheit und macht Sie mutiger. Da Sie sich bereits in den dunkelsten Winkeln Ihrer Seele umgesehen haben, haben Sie nichts zu befürchten.

ZUR VERTIEFUNG

LESEN

Conscious Business: How to Build Value Through Values
Fred Kofman (Sounds True Inc.; reprint edition, 2014)

Integrale Vision: Eine kurze Geschichte der integralen Spiritualität
Ken Wilber (Kösel, 2009)

The Miracle Morning: Die Stunde, die alles verändert
Hal Elrod (Irisiana, 2016)

Lieben was ist: Wie vier Fragen Ihr Leben verändern können
Byron Katie und Stephen Mitchell (Goldmann, 2009)

Finde dein Warum: Der praktische Wegweiser zu deiner wahren Bestimmung
Simon Sinek, David Mead, Peter Docker (Redline Verlag, 2018)

DOWNLOADEN

Die **The Work App** von Byron Katie führt Sie durch die Methode ihrer vier Fragen, die von negativen Gedanken und Leiden befreien sollen. Am besten schauen Sie sich ein paar von Katies Videos an, um eine Vorstellung von ihrer Methode zu bekommen.

ANHÖREN

Wenn Sie sich eingehender mit Ihrem „Schatten" befassen möchten, empfehle ich das Hörbuch *Knowing Your Shadow: Becoming Intimate With All that You Are* von Robert Augustus Masters (Sounds True Inc., 2013).

NACHFORSCHEN

Neben der Überprüfung ihres eigenen digitalen Verhaltens ist es für Eltern auch sinnvoll, nach Wegen zu suchen, um dem Umgang ihrer Kinder mit digitalen Medien sinnvolle Grenzen zu setzen. Es sind einige großartige Produkte auf dem Markt, die Sie dabei unterstützen. Füttern Sie Ihre Suchmaschine zum Beispiel mit „Zeit-Kontroll-App" oder „Jugendschutz-App".

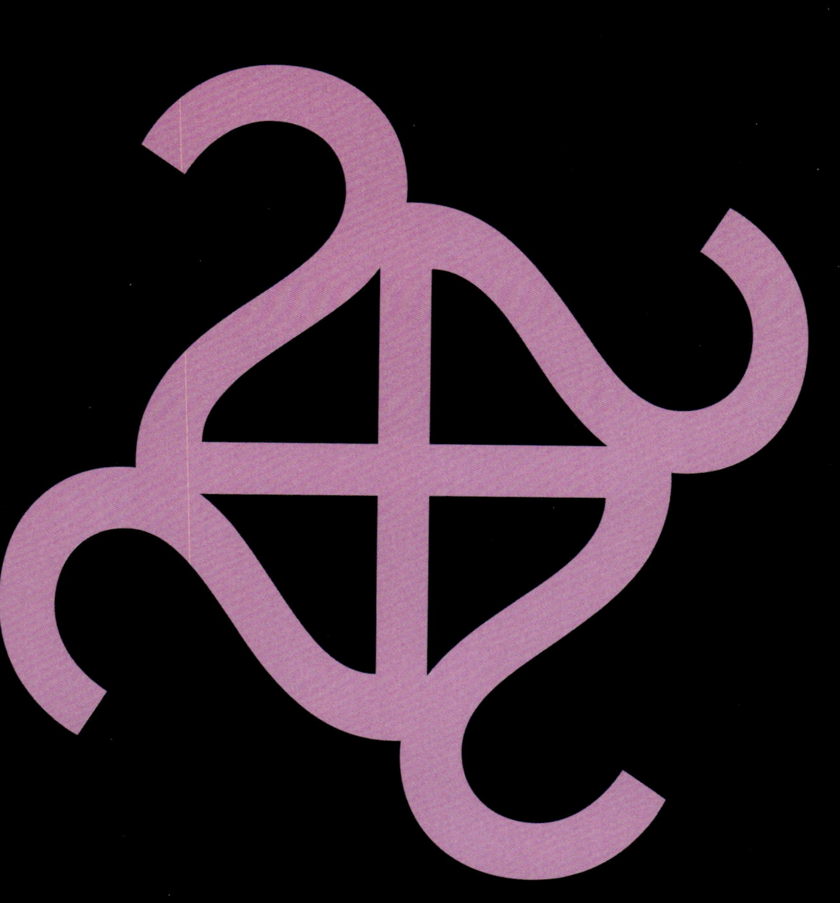

SELBSTFÜRSORGE

LEKTIONEN

05 HELFERTEAM
Das Netzwerk funktioniert.

06 GEIST
Den Zugang zum ruhigen Bewusst-Sein finden.

07 ENERGIE
Die Ressourcen maximieren.

08 WAS IST EMBODIMENT?
Im Körper ankommen.

Zwar erhalten wir von anderen Unterstützung und Zuwendung, aber jeder Einzelne trägt Verantwortung für sein eigenes Wohlbefinden.

Bewusst führen bedeutet, gut mit seinem Instrumentarium umzugehen: dem eigenen Körper, Geist und Energiezustand.

Als ich 2008 begann, mit meiner Meditationslehrerin zu arbeiten, war ich verwundert, dass während der ersten drei Jahre immer wieder das Thema Selbstfürsorge im Fokus stand, was mir damals übertrieben und auch ein wenig selbstsüchtig vorkam. Einer ihrer ersten Vorschläge lautete, ich solle Krafttraining betreiben, um mehr Erdung und körperliche Verankerung zu bekommen. Das widersprach meinen Erwartungen, aber ich machte weiter, und der Prozess, durch den sie mich führte, half mir, ein feineres Gespür dafür zu entwickeln, was Körper, Geist und Seele benötigen, um zu gedeihen.

Im Laufe der Jahre wurde ich stärker, gesünder und zentrierter. Auch meine Fähigkeit, still und achtsam dazusitzen, wuchs. Ich kam besser mit den Komplexitäten des Lebens zurecht und begann zu verstehen, was viele Lehrer meinen, wenn sie die Fähigkeit beschreiben, dem Lauf der Dinge mit Gelassenheit zu begegnen. Ich lernte, dass mein eigenes Wohlempfinden die Voraussetzung war, um zu Hause und bei der Arbeit Überragendes zu leisten.

In Wahrheit ist Menschsein ein wartungsintensiver Job. Ob Sie sich bereits eingehend mit Meditation beschäftigt haben oder nicht – diese Lektion zeigt, wie vorteilhaft es ist, die eigenen Ressourcen zu kennen und aktiv zu nutzen. Um herauszufinden, wie gesund, belastbar und glücklich Sie sein können, gilt es anzuerkennen, dass dafür Planung, Hingabe und Beständigkeit nötig ist.

Zwar erhalten wir von anderen Unterstützung und Zuwendung, aber jeder Einzelne trägt Verantwortung für sein eigenes Wohlbefinden. Eine bewusste Führungsperson verfolgt das Ziel, derart gut für sich selbst zu sorgen, dass sie, wenn sie einen Raum betritt, alle Ressourcen voll nutzen kann, energiegeladen und kreativ ist. Ihre Vitalität und Dynamik ist für jeden spürbar, und sie inspiriert andere zu ungeahnten Höchstleistungen.

Stellen Sie sich vor, Sie kämen gut gelaunt in ein Meeting, dessen Teilnehmer sich gerade heftig streiten. Wie gut gelänge es Ihnen, die Konflikt-Energie im Raum in Gleichmut zu überführen? Oder: Wie schnell würden Sie Ihre positive Einstellung verlieren und sich vom Konflikt vereinnahmen lassen? Wie gefestigt Sie, und wie oft passen Sie sich anderen an? In diesem Kapitel untersuchen wir, wie Ihre Ressourcen so aufgebaut werden können, dass Sie standhalten, egal was der Tag Ihnen zumutet.

HELFERTEAM

Sie können nicht alles alleine machen. Jede Mission benötigt ein gutes Helferteam.

Wären Sie ein Olympionike, hätten Sie lauter erstklassige Leute um sich, die unermüdlich damit beschäftigt wären, Sie in Bestform zu halten: Trainer, Ernährungsberater, Sportpsychologe, Masseur, Physiotherapeut, verschiedene Ärzte usw.

Bedenken Sie nun, dass Sie ebenfalls hohe Erwartungen an sich stellen – im Beruf, als Elternteil und Führungsperson.

Im Bezugssystem des Bewussten Führens bilden Gesundheit und Stärke die Grundlage für Spitzenleistungen. Dass Sie gut für Ihre Bedürfnisse und Ihr Wohlbefinden sorgen, ist nicht egoistisch, sondern Voraussetzung, damit Sie alle Kapazitäten nutzen und den Anforderungen von Familie, Freunden und Arbeit genügen können. Mithilfe einiger ausgesuchter Personen wie Coach, Masseur, Yogalehrer, Mentor usw., die Ihr Wohl und/oder Ihren Output im Blick behalten, werden Sie Ihr Potenzial voll entfalten können.

Oft vergisst man die Menschen, die längst Teil des eigenen Helferteams sind. Familie, Partner, beste Freunde, Kollegen und auch Haustiere können zu Ihrem Team gehören. Die Frage, wo Sie aktuell Unterstützung finden und ob Sie mehr Support benötigen, sollten Sie nicht lange aufschieben. Wenn es Ihnen gut geht, ist das ein idealer Zeitpunkt, sich aktiv um Ihr Wohlbefinden zu kümmern. So kann Selbstfürsorge zur Gewohnheit werden und zur Ressource, aus der Sie in schwierigen Zeiten schöpfen können.

+ DIE ÜBUNG

Wer ist in Ihrem Helferteam? Erstellen Sie eine Liste, und wenn sie Ihnen zu leer erscheint, überlegen Sie, wen Sie auf Ihre Anwerberliste setzen könnten. Könnten Sie einen Coach, Therapeuten, Personal Trainer, virtuellen Assistenten, eine Reinigungskraft oder jemand anderen gebrauchen? Holen Sie Empfehlungen von Vertrauten ein und nehmen Sie sich Zeit für Ihr persönliches Wohlergehen.

HELFERTEAM	ANWERBERLISTE

WOHLFÜHLEN

Ihr Geist wohnt in einem Körper. Dieser ist kreativ, flexibel, kraftvoll und steckt voller Möglichkeiten, kann aber ohne Ihre Mithilfe und Fürsorge nicht gedeihen – das wichtigste Mitglied Ihres Helferteams sind *Sie*! Sie sind die Person, die führt und plant, die an Unterrichts-, Trainings- und Übungsstunden teilnimmt.

Indem Sie auf Ihren Körper achtgeben, spiegeln Sie anderen Ihre tiefe Verbundenheit mit sich selbst und Ihr Streben nach Ganzheit. Wenn Sie einen Raum betreten, spricht Ihr Körper, bevor Sie die Lippen bewegen. Was sagt er? Was wissen andere über Sie, bevor Sie den Mund öffnen?

Hier geht es nicht um Ästhetik, Muskeln oder den „perfekten" Körper, sondern darum, was Ihre physische Gestalt vermittelt, welche Schwingungen Sie aussenden. Wenn Sie mit Ihrem Körper verbunden sind, übernehmen Sie die Führung, und das ist ansteckend.

Als Führungsperson können Sie nicht so tun, als sei Ihr physischer Körper weniger wichtig als Ihr Business oder Ihr Ehrgeiz. Selbstfürsorge steht für Sie an erster Stelle, und mit dem gleichen Maß an Respekt und Fürsorge begegnen Sie auch anderen.

Jahreszeiten-Plan

Körper und Geist reagieren auf den Wechsel der Jahreszeiten und profitieren von abwechslungsreicher Kost und Bewegung. Die Jahreszeiten können Ihnen als Stichwortgeber dienen, um die richtigen Schwerpunkte zu setzen. Ein ausgewogenes Wohlfühlprogramm enthält Nahrungsmittel und Aktivitäten, die das ganze Jahr hindurch zur Bewahrung von Gesundheit, Ausdauer, Flexibilität und Kraft beitragen. Gemäß des bewährten Ayurveda-Prinzips *Gleiches verstärkt Gleiches, Gegensätzliches gleicht aus* sind kühlende Kost und Aktivitäten im Sommer ideal, im Winter hingegen Wärmendes.

Schauen Sie sich den Jahreszeiten-Plan an und denken Sie über Ihre aktuellen Ziele nach. Möchten Sie an Ihrer Routine etwas verändern? Kommen Sie beim nächsten Jahreszeitenwechsel auf diese Frage zurück!

MORGENRITUAL

Es wirkt extrem aufbauend, eine tägliche Dosis Fitness in Ihr Morgenritual zu integrieren. Ich nenne es das „Besser-als-nichts-Workout", weil es ganz leicht zu schaffen ist. Es geht schnell, erfordert keine Geräte und bringt Sie gleich morgens in Bewegung.

Suchen Sie sich drei Übungen aus, die Sie gut beherrschen, machen Sie je zehn Wiederholungen, und das war's.

DAS BESSER-ALS-NICHTS-WORKOUT

ÜBUNGEN

10 Liegestütze (Push-ups) ☐

10 Rumpfbeugen (Sit-ups) ☐

10 Kniebeugen (Squats) ☐

WINTER

FOKUS: Immunsystem / weniger ist mehr

ÜBUNGSZIEL: Ausdauer und Kraft. Workouts, um den Körper aufzuwärmen und die Belastbarkeit zu steigern.

ESSEN: Herzhafte, heiße Gerichte.

TRINKEN: Kräutertee.

FRÜHLING

FOKUS: Neustart / Erneuerung

ÜBUNGSZIEL: Reinigung und Leichtigkeit. Treten Sie einem neuen Verein bei oder schließen Sie sich einer anderen neuen Gruppe an.

ESSEN: Leichte Gerichte, viel frisches Obst und Gemüse.

TRINKEN: Wasser und frische grüne Säfte.

HERBST

FOKUS: Erdung / Vereinfachung

ÜBUNGSZIEL: Ausdauer und Stressabbau. Integrieren Sie erholsame, entspannende Elemente in Ihr Workout.

ESSEN: Suppen und wärmende Gewürze.

TRINKEN: Warmes Wasser und Tee.

SOMMER

FOKUS: Spaß / Gemeinschaft / Abenteuer

ÜBUNGSZIEL: Flexibilität. Moderate Workouts während der kühleren Stunden.

ESSEN: Kühlende Gerichte mit hohen Wassergehalt, Salate.

TRINKEN: Viel Wasser, damit Sie nicht dehydrieren.

GEIST

Das Bewusstsein nutzen

Philosophen, Naturwissenschaftler und Psychologen streiten sich seit Jahrhunderten über die einfache, aber tiefgreifende Frage: Was ist der Geist? Für mich lautet die einfache und beste Antwort: „Geist ist Bewusstsein." Und Bewusst-Sein ist unglaublich machtvoll.

Schließen Sie für einen Moment die Augen und versuchen Sie, die Ränder Ihres Bewusstseins zu erkennen ...

Ihr Bewusstsein (der Geist) ist unendlich erweiterbar und nicht auf das örtliche Gehirn begrenzt. Ich behaupte daher, dass es Ihnen nicht gelungen ist, die Ränder Ihres Bewusstseins zu erreichen.

Die feinen Antennen der Achtsamkeit und (Selbst-)Wahrnehmung sind zentral für unser Bewusstwerden und daher auch für das Bewusste Führen. Je mehr Sie sich Ihrer selbst, der anderen und der Faktenlage bewusst sind, desto besser stehen Ihre Chancen, den richtigen nächsten Schritt zu gehen. Doch um sich mit dem gesamten Potenzial des Bewusstseins zu verbinden, muss der Geist auf die richtige Art angesprochen werden. Der Zugangsweg verläuft wie folgt:

01. Embodiment – Körper online
02. Verbundenheit – Herz online
03. Geist – Weisheit online

Die meisten haben von diesem Weg noch nie gehört und steuern direkt den Geist an, ohne Körper und Herz zu involvieren. Wird auf diese Weise auf den Geist zugegriffen, klingt der Output vielleicht intelligent, ist aber häufig entkoppelt, ängstlich und begrenzt. Diese destruktive Haltung führt zu unklugen oder gefühllosen Entscheidungen, fehlender Weitsicht und eingeschränkten Lösungen.

Doch glücklicherweise lernen immer mehr Menschen, mithilfe einfacher Übungen wie der untenstehenden dafür zu sorgen, dass all ihre Ressourcen „online" sind.

+ DIE ÜBUNG

Das folgende Gedankenexperiment zeigt den Unterschied zwischen besorgter und ruhiger Aufmerksamkeit, die man auf ein aktuelles Problem richtet.

BESORGTE AUFMERKSAMKEIT

01. Denken Sie an ein aktuelles Problem.
02. Stellen Sie einen Timer auf 45 Sekunden und machen Sie sich Sorgen, bis der Alarm ertönt.
03. Notieren Sie das Ergebnis.

Bleiben Sie beim selben Problem und befolgen Sie folgende Schritte.

RUHIGE AUFMERKSAMKEIT

01. Atmen Sie fünf Sekunden lang ein und fünf Sekunden lang aus.
02. Spüren Sie Ihre Füße auf dem Boden.
03. Spüren Sie das Gewicht Ihres Körpers.
04. Atmen Sie in und durch den ganzen Körper.
05. Spüren Sie in alle Körperteile hinein; erlauben Sie Ihrem Geist, in diesem Körper zu wohnen.

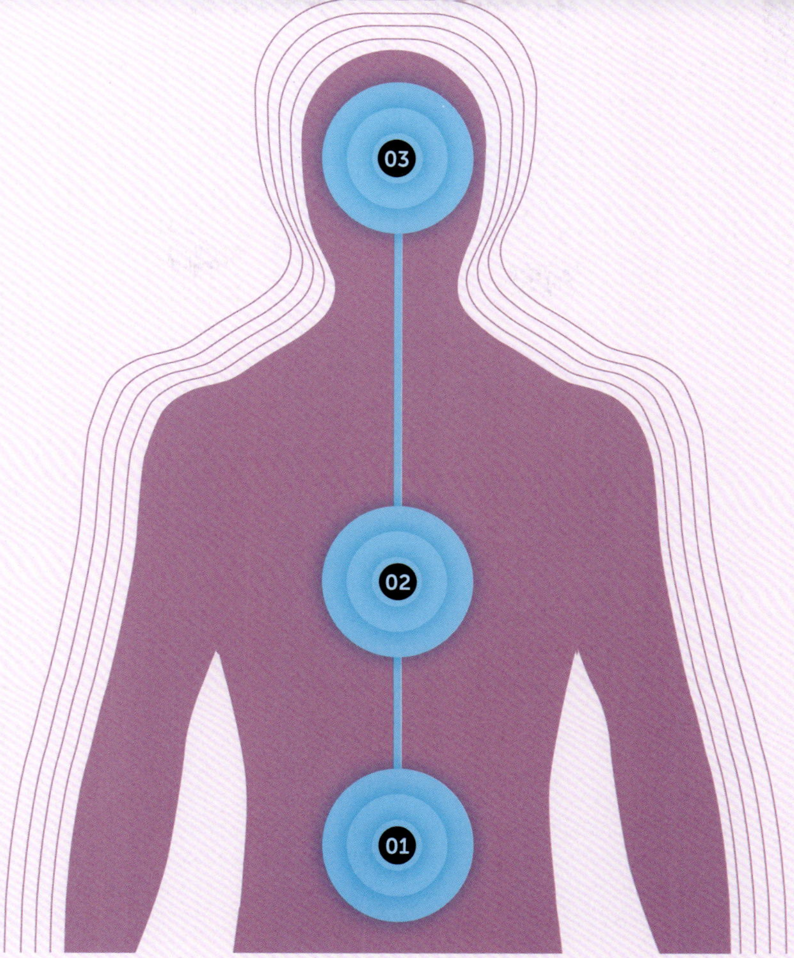

06. Lenken Sie Ihre Aufmerksamkeit auf Ihr Herz. Fühlen Sie, wie es schlägt.
07. Atmen Sie fünf Sekunden lang ein und fünf Sekunden lang aus.
08. Stellen Sie den Timer auf 45 Sekunden und konzentrieren Sie sich auf Ihr Problem.
09. Notieren Sie das Ergebnis.

Auch wenn diese Vorgehensweise anfangs mühselig wirkt: Machen Sie weiter! Wer bewusst führen will, muss den Übergang von Angst- zu Vernunftreaktion regelmäßig trainieren. Sobald Sie bemerken, dass Ihr Geist inspirierter und kreativer ist, wenn Sie in Kontakt mit Ihrem Körper stehen, wird Ihnen auch auffallen, dass sich Ihre Wirkung auf andere und auf Situationen verändert. Sie erhalten Zugriff auf die unendlichen Möglichkeiten Ihres Geistes: Harmonische Lösungen erscheinen, glückliche Zufälle und Richtiges Handeln. Das Entwickeln von Ideen und Lösungen wird mühelos.

HANG ZUM NEGATIVEN

Ist Ihnen schon einmal aufgefallen, dass Ihr Gehirn weitaus mehr mit Ihren Problemen beschäftigt ist als mit all den anderen wunderbaren Dingen, die Ihnen jeden Tag passieren? Das liegt nicht daran, dass mit Ihnen etwas nicht stimmt, sondern an der Evolution: Das menschliche Gehirn ist auf Überleben programmiert. Angenehme Geschehnisse bekommen weniger Aufmerksamkeit vom Gehirn, weil sie wahrscheinlich keine lebensbedrohliche Gefahr darstellen. Für den Neuropsychologen Rick Hanson ist das Gehirn „Teflon für das Positive und Klettband für das Negative".

Wenn ein Steinzeitmensch einen Schatten hinter den Bäumen erblickte, war es für ihn sinnvoller, einen Löwen zu vermuten und die Flucht zu ergreifen, als zu hoffen, es handele sich um einen Felsen, und aufgefressen zu werden. Damals war der Mensch viel häufiger tödlichen Gefahren ausgesetzt als das heute für die meisten von uns der Fall ist.

Doch der Hang des Gehirns zum Negativen hat zwei ungesunde Denkmuster zur Folge: Katastrophisierung und Rumination.

Bei diesen Prozessen beschäftigt sich der Geist entweder in verzerrter Weise mit der Zukunft (Katastrophisierung) oder steckt grübelnd in der Vergangenheit fest (Rumination). Körper und Nervensystem erleben den damit verbundenen Stress, als fände er in der Gegenwart statt. Der Körper macht keinen Unterschied zwischen einem vorgestellten, einem erinnerten und einem realen Ereignis.

Das ist anstrengend und sinnlos. Erinnern wir uns an die erhellenden Worte von Mark Twain: „Ich habe in meinem Leben viele Katastrophen durchlebt. Einige davon haben sogar tatsächlich stattgefunden."

Wenn Sie sich in dieser Beschreibung wiederfinden und etwas verändern möchten, empfehle ich die folgende Übung, die möglicherweise einiges wieder ins Gleichgewicht bringen kann.

KATASTROPHISIERUNG

Das Meeting verlief schrecklich. James hat wirklich schlecht reagiert. Dieser Blick! Er wird sich beim Chef beschweren. Morgen werde ich gefeuert. Wie soll ich dann die Studiengebühren bezahlen? Wir werden umziehen müssen. Ich habe alle enttäuscht. Ich bin ein Versager.

RUMINATION

Das Meeting war ein Albtraum. Hätte ich doch bloß etwas anderes gesagt! Irgendetwas! Warum habe ich das gesagt? Das passt gar nicht zu mir. Dieses Meeting ist mein Untergang. Ich muss irgendwie aus der Sache rauskommen – wie konnte ich nur so blöd sein? Warum habe ich das gesagt!?

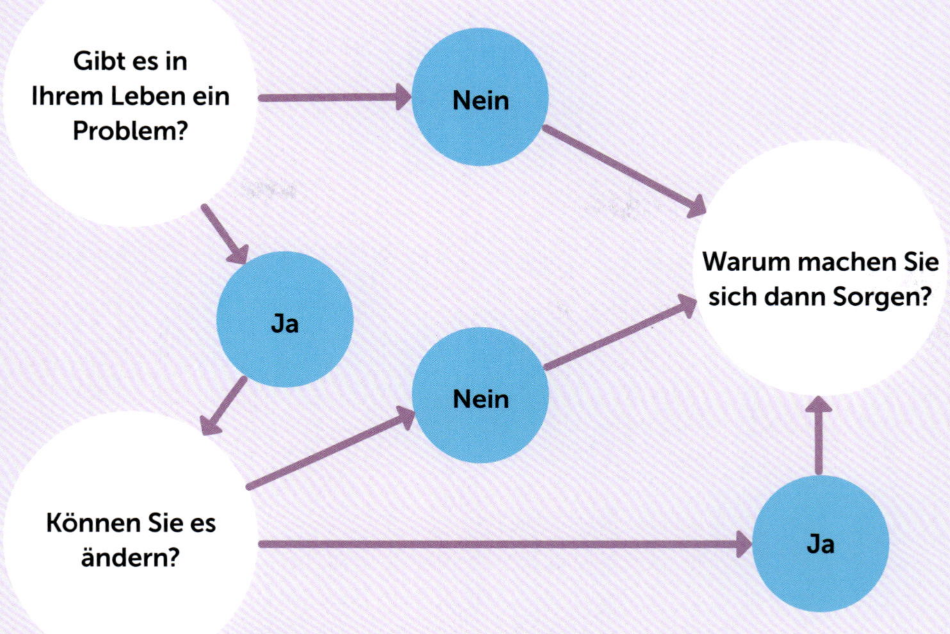

+ DIE ÜBUNG

Nehmen Sie ein Blatt Papier und ziehen Sie in der Mitte eine senkrechte Linie. Überschreiben Sie die eine Hälfte mit VENTIL, die andere mit WAHRHEIT. Unter VENTIL schreiben Sie einen ungefilterten Bewusstseinsstrom:

VENTIL
Ich kann das nicht. Ich bin nicht schlau genug. Ich habe keine Ahnung, was ich da mache. Ich bin faul. Es ist aussichtslos …

Unter WAHRHEIT listen Sie Tatsachen auf, die sich auf die Situation beziehen. Hüten Sie sich vor Mutmaßungen, Spekulationen oder Übertreibungen: Nur bestätigte Fakten sind erlaubt:

WAHRHEIT
Ich gebe mein Bestes. Die Angelegenheit ist komplex. Ich kann um Unterstützung bitten. Mir liegen nicht alle Informationen vor, die ich benötige. Ich arbeite hart …

Lesen Sie nun beide Hälften und schreiben Sie die nächsten drei Schritte auf:

DIE NÄCHSTEN SCHRITTE

01. Erzählen Sie Ihrem Vorgesetzten, was geschehen ist.
02. Seien Sie offen und ehrlich.
03. Sprechen Sie sich mit James aus.

WENN SIE
KÖRPER VE
SIND, ÜBE
SIE DIE
DAS IST AN

MIT IHREM
RBUNDEN
RNEHMEN
FÜHRUNG;
STECKEND.

ENERGIE

Szenario 1

Sie gehen nach einem langen Arbeitstag mit dem Hund Gassi. Sie sind müde. Beim Gehen schauen Sie aufs Handy und lesen Emails. Dadurch bemerken Sie nicht, dass am Straßenrand Süßigkeiten liegen, die Ihr Hund verschlingt. Als Sie nach Hause kommen, springt der Hund aufs Sofa und übergibt sich. Sie schreien den Hund an und säubern eine Stunde lang das Sofa. Dann legen Sie sich erschöpft ins Bett, aber der Hund weckt Sie noch zweimal, weil ihm immer noch übel ist. Am nächsten Morgen sind Sie unausgeschlafen und schlecht gelaunt. Das erste Meeting ist total anstrengend. Um 9.30 Uhr fühlen Sie sich wie ein Zombie.

Szenario 2

Sie führen den Hund Gassi und genießen die Abendluft – ohne Handy, da Sie sich auf Ihren Hund konzentrieren und in Ruhe spazierengehen wollen. Sie sehen die Süßigkeiten rechtzeitig und halten ihn davon fern. Zuhause angekommen, erfüllt Sie ein Gefühl des Friedens und der Verbundenheit mit sich selbst. Sie schlafen gut. Das schwierige Meeting am nächsten Morgen bewältigen Sie mit Bravour, alle verlassen den Raum hoch motiviert. Sie freuen Sie auf den Rest des Tages.

Kommen Ihnen diese Szenarien bekannt vor? Wie leicht tappen wir in die Falle der geteilten Aufmerksamkeit und erledigen am Ende keine der Aufgaben gut, was eine Kettenreaktion von anstrengenden Umständen auslöst. Die Alternative: Schenken Sie der einen Sache, die Sie tun, volle Aufmerksamkeit. Nur so setzen Sie Ihre Energie effizient ein und sind im Hier und Jetzt Ihrer Realität.

Auf den Körper hören

Der Geist ist grenzenlos, ewig und unendlich. Das kann zu Haltungen führen wie *„Schmerz ist nur Schwäche, die den Körper verlässt"*. Doch anders als der unermüdliche Geist ist der menschliche Körper zeitlich und räumlich begrenzt. Er wird müde, braucht Ruhe, Nahrung und Regeneration und möchte, dass Sie auf ihn hören.

Wenn der Tag beginnt, ist Ihr Energiespeicher voll. Dann machen Sie alles Mögliche, und über Nacht füllt sich der Speicher wieder. Sie können alles erledigen – aber nicht alles gleichzeitig, denn irgendwann sind nur noch Sie selbst *erledigt*.

Es ist eigentlich ganz einfach: Wenn Sie erschöpft sind, sind Sie erschöpft. Der Körper sagt Ihnen, wann es soweit ist. Aber wie oft ignorieren wir seine Signale und zwingen uns weiterzumachen? Machen Sie sich das bewusst! Achten Sie darauf, was geschieht, wenn Sie sich überfordern und wenn Sie es nicht tun. So lernen Sie, Arbeitspensum und Energievorrat aufeinander abzustimmen.

DRUCK UND LEISTUNG

Wenn es um Energie geht, ist vor allem das Verhältnis zwischen Druck und Leistung zu beachten. Vielleicht haben Sie eine Grafik wie die nebenstehende schon einmal gesehen: Sie zeigt, dass ein gewisses Maß an Druck uns motiviert und das Verantwortungsgefühl für unser Tun stärkt; zu wenig Druck führt eher zu Langweile und Untätigkeit. Es kann zwar gut sein, sich phasenweise in der Komfortzone auszuruhen, aber wir profitieren auch von gelegentlicher Anspannung, da diese, trotz des steigenden Drucks, unsere Leistungsfähigkeit deutlich erhöht.

Problematisch wird es, wenn wir über einen zu langen Zeitraum hinweg überbeansprucht werden, denn dann nimmt unsere Leistungsfähigkeit ab. Wenn der Druck weiter steigt, bewegen wir uns in einen Bereich außerhalb des Machbaren, wo neben der Leistung auch die Gesundheit leidet. Von hier aus ist es zum Burnout nicht mehr weit.

Fragen

- In welchem Bereich der Druck/Leistung-Kurve verbringen Sie die meiste Zeit?
- Ist Ihr aktueller Energieverbrauch nachhaltig?
- Sind Ihre Energiegewohnheiten in Ordnung?
- Welche Entscheidungen müssten Sie überdenken, um Ihren Energiehaushalt wieder ins Gleichgewicht zu bringen?

ENERGIERÄUBER UND -QUELLEN

Um Ihr tägliches Energiepensum klug zu verwalten, müssen Sie auf das richtige Verhältnis achten zwischen Aktivitäten, bei denen Sie Energie verbrauchen, und solchen, die Ihren Speicher wieder auffüllen. Energieraubend sind typischerweise Aktivitäten wie Erwerbsarbeit, Kinderbetreuung, das Scrollen durch Social Media, sorgenvolle Grübeleien usw. Positive Auswirkungen auf den Energiehaushalt haben alle Aktivitäten, nach denen Sie sich erfrischt und kraftvoll fühlen, also z. B. Schlaf, Meditation, Yoga, Unternehmungen mit guten Freunden oder in der Natur usw. Bedenken Sie, dass manche Menschen, mit denen Sie Zeit verbringen, Ihnen Energie rauben, während andere Sie zum Strahlen bringen und mit Energie aufladen. Für manche ist Joggen ein riesiger Energieaufwand, für andere erfrischend und erholsam. Sich über die energetischen Auswirkungen Ihrer Aktivitäten klar zu werden, ist ein wichtiger Schritt hin zu einem dauerhaften Gleichgewicht.

DRUCK/LEISTUNG-KURVE

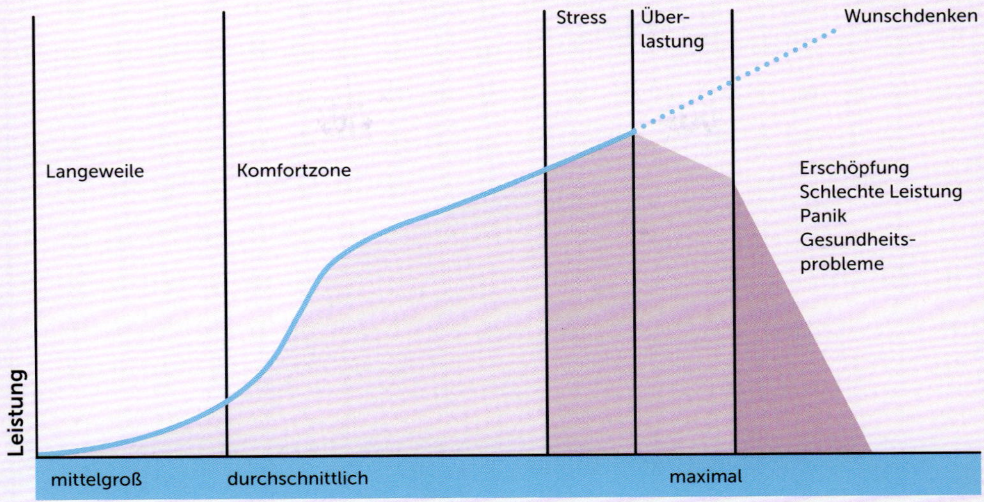

+ DIE ÜBUNG

Erstellen Sie eine Liste all Ihrer Aktivitäten der vergangenen 24 Stunden und ordnen Sie sie in die passende Spalte ein. Unterstreichen Sie die Energieräuber, die öfter als dreimal pro Woche vorkommen. Was könnten Sie tun, um besser mit Ihrem Energiehaushalt umzugehen? Benennen Sie drei kleine Veränderungen.

Energieräuber	**Energiequellen**

Drei kleine Veränderungen

01.
02.
03.

WAS IST EMBODIMENT?

In seiner Kurzgeschichte „Ein betrüblicher Fall" (enthalten in *Dubliner*) beschreibt James Joyce seinen Protagonisten Mr. Duffy mit den Worten: „Er lebte ein wenig in Distanz zu seinem Körper …" Joyce erfasst hier eines der verstörendsten Symptome unseres modernen Zeitalters: die Entkörperlichung, das Gefühl, von seinem physischen Körper getrennt, abgekoppelt zu sein.

Der Schlüssel zur Leistung ist jedoch die „Verkörperlichung". Wenn ein Sprinter sich aufwärmt, richtet er die Achtsamkeit auf seinen Körper, bereitet seine Gliedmaßen auf die bevorstehende Beanspruchung vor. Wenn er im Startblock steht, versucht er, Körper und Geist so eng zu verbinden, dass beim Ertönen des Startschusses Beine und Füße instinktiv reagieren. In diesem beinahe transzendentalen Gefühl der körperlichen Präsenz verschmelzen Geist und Körper.

In der Psychologie spricht man von „Embodiment", d. h. das Bewusstsein „bewohnt" den Körper, erfährt und verarbeitet die Realität durch ihn. Ist diese Verbindung geschwächt, fühlen wir uns wie ein Gehirn auf Beinen und behandeln den physischen Körper als notwendiges Übel, das uns von A nach B trägt. Abhilfe verspricht der sogenannte Bodyscan, eine bekannte Achtsamkeitsübung, bei der die Wärme des Bewusstseins schrittweise von Kopf bis Fuß durch den ganzen Körper gelenkt wird. Anfängern, die noch nie eine Körperreise gemacht haben, fällt diese Übung oft schwer. Es ist ganz natürlich, dass weite Teile des Körpers sich die ersten Male taub und leer anfühlen.

Doch auch wenn Embodiment-Übungen Ihnen zunächst merkwürdig erscheinen – bleiben Sie dran! Sie werden erfahren, wie gut es sich anfühlt, sich mit dem eigenen Körper zu verbinden. Um bewusst führen zu können, müssen Sie sich auch Ihres Körpers bewusst sein.

DIE SPRACHE DES KÖRPERS

Über den Embodiment-Ansatz lernen Sie Ihren Körper umfassender und tiefgreifender verstehen und erschließen sich neue Erfahrungswelten.

INTEROZEPTION ist die Wahrnehmung all dessen, was sich innerhalb des Körpers abspielt. Die Eindrücke, die Sie dort vorfinden, können subtil, verschwommen, herausfordernd, schmerzlich, nachhaltig und/oder flüchtig sein.

PROPRIOZEPTION ist die Wahrnehmung, wo sich Ihr Körper im Raum im Verhältnis zu Objekten und Personen befindet. Sie nutzen sie, um im Kino Ihren Sitzplatz zu finden, einen vollgestopften Raum zu durchqueren oder beim Basketball um den Gegner herum zu dribbeln.

EXTEROZEPTION beschreibt, was außerhalb Ihres Körpers geschieht; vielleicht arbeiten Sie an einer Tabelle, schauen einen Film oder lauschen einem Hörbuch.

Unser Fokus liegt in dieser Lektion auf der Verbesserung der INTEROZEPTION.

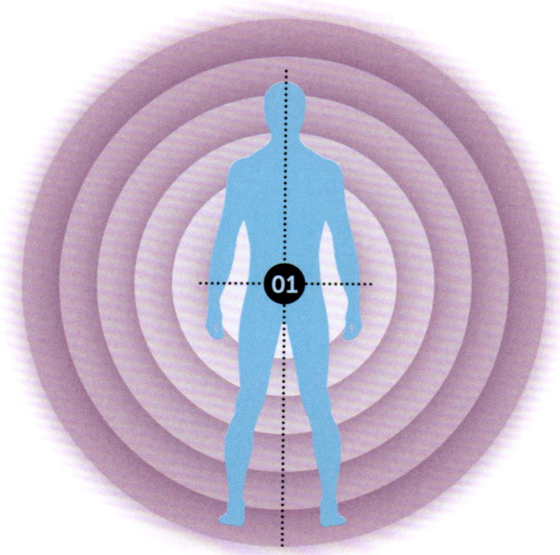

INNERE RUHE FINDEN

Die folgenden Übungen machen Embodiment erfahrbar. Das Zentrieren hilft, in wichtigen und schwierigen Situationen in Bestform zu sein. Machen Sie die Übung z. B. vor Ihrer nächsten Präsentation, Leistungsbeurteilung oder Vorstandssitzung.

Den Bodyscan empfinden viele als beruhigend. Er ermöglicht die Wahrnehmung und Betrachtung von körperlichen Informationen, denen wir häufig keine Aufmerksamkeit schenken (Empfindungen, Bilder, Gefühle, Gedanken). Ein abendlicher Bodyscan hilft, die Erlebnisse des Tages anders, vielleicht sogar ganz neu einzuordnen.

ÜBUNG 1: ZENTRIERUNG

Diese einfache, aber kraftvolle Embodiment-Übung können Sie jederzeit durchführen. Sie ist an das Werk von Richard Strozzi-Heckler angelehnt. Lassen Sie sich bei den ersten Durchgängen Zeit. Sobald Sie sich an die Vorgehensweise gewöhnt haben, geht es schneller. Ich mache diese Übung gerne, bevor ich in ein Meeting gehe oder einen Vortrag halte. Sie verbindet mich mit meinen Fähigkeiten und regt zu Klarheit an.

01. Gewicht Sie stehen aufrecht und spüren, wie das Gewicht Ihres Körpers und die Schwerkraft Sie mit der Erde verbinden.

02. Länge Zentrieren Sie sich in der Länge. Sie nehmen Ihre gesamte Körpergröße wahr, von Kopf bis Fuß. Richten Sie Ihre ganze Aufmerksamkeit darauf. Vielleicht haben Sie das Gefühl zu wachsen, während Ihre Wirbelsäule sich aufrichtet.

03. Breite Zentrieren Sie sich in der Breite. Sie nehmen Ihre gesamte Breite von der linken bis zur rechten Seite wahr. Diesen Raum nehmen Sie ein. Füllen Sie ihn bewusst aus.

04. Tiefe Zentrieren Sie sich in der Tiefe, von der Körpervorderseite bis zur Rückseite. Die Tiefendimension steht für die Zeit. Nehmen

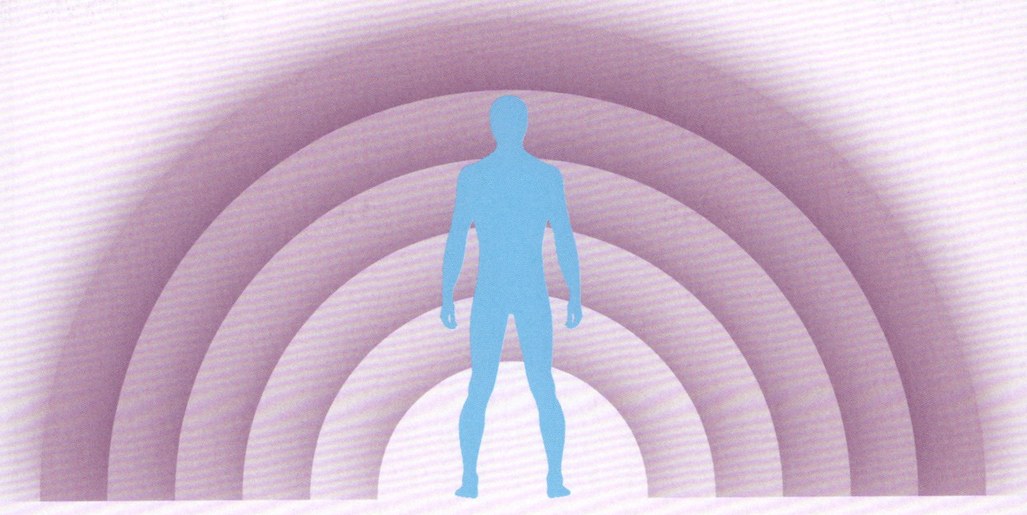

Sie vergangene Momente, Ihre Lehrer, Vorfahren und Erfahrungen wahr. Erfassen Sie Ihre unbekannten zukünftigen Momente und das enorme Potenzial, das vor Ihnen liegt.

05. Intention Zentrieren Sie sich in Ihrer Intention. Was ist in diesem Moment Ihre Intention?

ÜBUNG 2: BODYSCAN

Denken Sie daran, dass Embodiment Ihr natürlicher Zustand ist; Sie suchen nach Empfindungen, die bereits vorhanden sind. Ein leeres Gefühl oder der Eindruck, gar nichts zu spüren, ist genauso „erlaubt" wie alle andere. Mit der Zeit werden Sie Ihr Körperinneres immer besser wahrnehmen können.

01. Setzen oder legen Sie sich bequem hin.

02. Richten Sie Ihre Aufmerksamkeit auf Ihre Füße und Zehen. Wie fühlen Sie sich an? Sie können die Zehen krümmen und wieder ausstrecken. Was fühlen Sie?

03. Nehmen Sie mehrere tiefe Atemzüge.

04. Wandern Sie von den Füßen aus durch den ganzen Körper und spüren Sie in jedes Körperteil hinein: Schienbeine, Knie, Oberschenkel, Hüfte, Bauch, Brust, Rücken, Arme, Hände, Nacken, Kopf. Lassen Sie sich Zeit und pausieren Sie einige Atemzüge, bevor Sie weitergehen.

05. Wenn Sie den Scan beendet haben, atmen Sie dreimal bewusst in den ganzen Körper ein.

06. Vergegenwärtigen Sie sich die Intention des Jetzt-Bewusstseins. Können Sie die Einheit von Körper und Geist fühlen?

Nach der Übung können Sie die Umrisse Ihres Körpers in Ihr Notizbuch zeichnen und mithilfe von Wörtern, Schraffur o. Ä. (lassen Sie Ihrer Kreativität freien Lauf!) festhalten, was Sie erlebt und gespürt haben.

TOOLKIT

05

Wir stellen hohe Anforderungen an unseren unglaublichen Körper, vergessen aber manchmal, etwas für unsere Gesundheit, Kraft und unser Wohlbefinden zu tun. Bewusste Führungspersonen betrachten ihren Körper nicht als selbstverständlich, sondern sorgen gut für ihn, damit sie der Welt in bester Form entgegentreten können.

06

Wer führen will, kommt nicht umhin, zum Experten in Sachen Geist und Achtsamkeit zu werden. Die faszinierende Erforschung unseres Bewusstseins konfrontiert uns mit unseren Sorgen, unserem Hang zum Negativen und Worst-Case-Szenarios, eröffnet uns aber gleichzeitig die Möglichkeit, unseren Geist zu nutzen, um unser maximales Potenzial zu entfalten.

07

Im Hier und Jetzt zu bleiben und das Energiekontingent zu verwalten, das täglich für kurzfristige Aufgaben, mittelfristige Ziele und lebenslange Gesundheit zur Verfügung steht, ist kein Kinderspiel. Bewahren Sie Ihr Gleichgewicht, indem Sie erkennen, welche Handlungen Ihnen Energie entziehen und welche Ihren Speicher wieder auffüllen. Sie *können* alles tun – nur nicht alles auf einmal.

08

Embodiment ist die Fähigkeit, sich inmitten der täglichen Abläufe seines physischen Körpers bewusst zu sein. Es bedeutet, dass Sie mit Ihren inneren Informationsquellen in Verbindung stehen und sich in Ihren Intentionen, Handlungen und Kommunikationen zentriert fühlen. Embodiment wird durch einfache Übungen wie Zentrierung und Bodyscan gefördert.

ZUR VERTIEFUNG

LESEN

Der 4-Säulen-Plan: Relax, Eat, Move, Sleep. Dein Weg zu einem längeren, gesünderen Leben
Dr. Rangan Chatterjee (Goldmann, 2019)

Your Brain at Work: Intelligenter arbeiten, mehr erreichen
David Rock (Campus, 2011)

Die Neuerfindung des Erfolgs: Weisheit, Staunen, Großzügigkeit - was uns wirklich weiterbringt
Arianna Huffington (Goldmann, 2016)

AUSPROBIEREN

Das von Gabrielle Roth entwickelte Konzept **5Rhythms** bzw. **5Rhythmen®** basiert auf dynamischen Bewegungsübungen, die Kreativität, Verbundenheit und Gemeinschaft fördern. Die Webseite gibt Auskunft über Kurse in Ihrer Nähe: www.5rhythms.com

Die App **Sleepio** ist eine Art digitale kognitive Verhaltenstherapie, um den Schlaf zu verbessern.

ANHÖREN

Es gibt zahlreiche Apps, die kostenlose geführte Meditationen und Körperreisen anbieten. Informieren Sie sich und finden Sie das zu Ihren Bedürfnissen passende Angebot.

ÜBEN

Bei den Kursen am nordkalifornischen Strozzi Institute erfahren Sie mehr über „Embodied Leadership":
www.strozziinstitute.com

Besuchen Sie einen Yogakurs in Ihrer Nähe und finden Sie heraus, welche der zahlreichen Yoga-Varianten für Sie die richtige ist.

SELBSTMANAGEMENT

LEKTIONEN

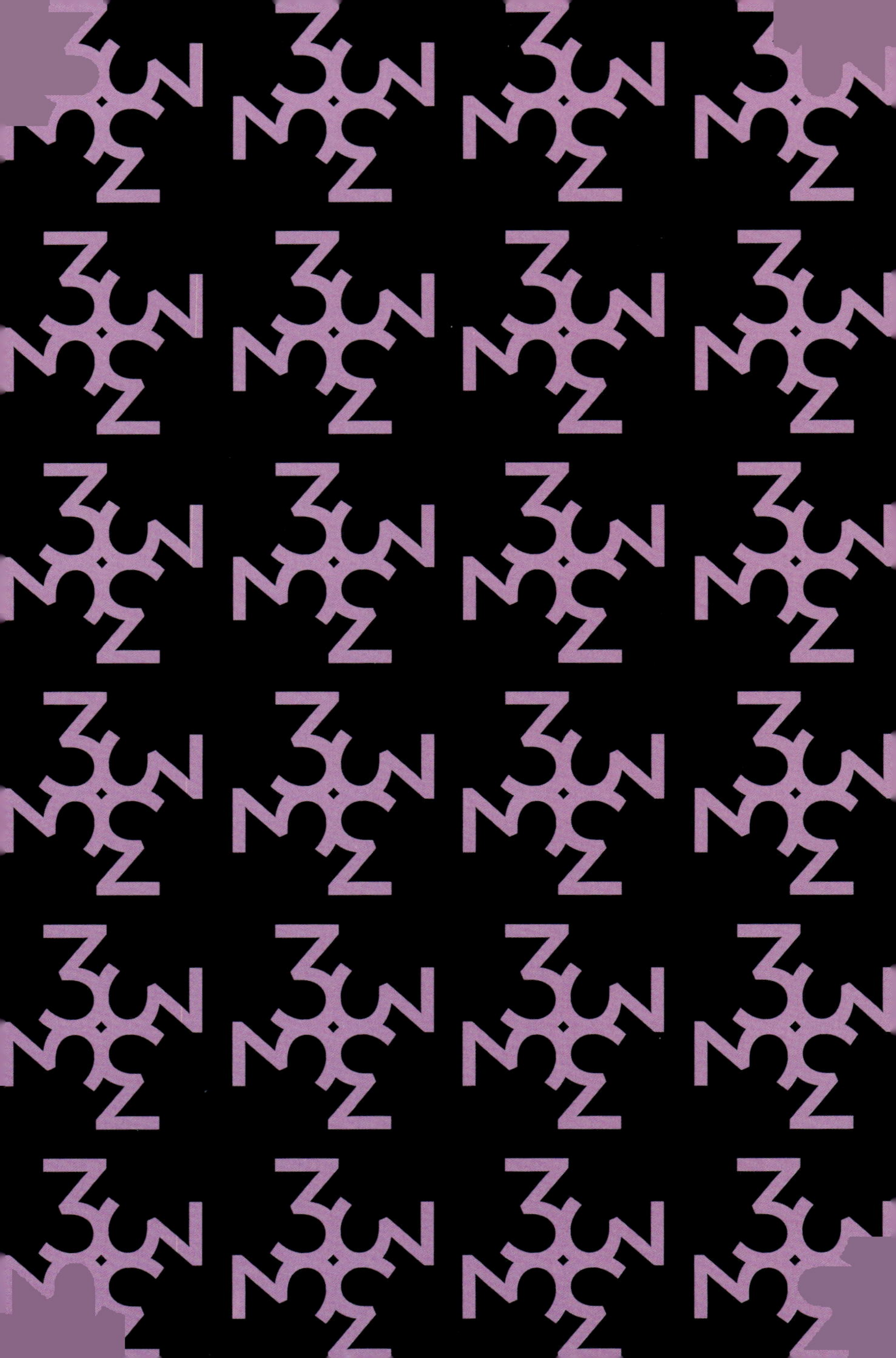

Je weiter Sie die Fähigkeit zum Selbstmanagement ausbauen, desto eher wird es Ihnen gelingen, problematischen Worten, Gedanken und Taten gelassen zu begegnen.

Als Führungsperson ruhen alle Augen auf Ihnen, während Sie die Herausforderungen des Alltags meistern, bei der Arbeit oder zu Hause. Wie gut es Ihnen gelingt, von Angst zu Gelassenheit, von Sorge zu Einfallsreichtum und von Konflikt zu Lösungen zu gelangen (insbesondere, wenn Sie unter Beobachtung stehen), bestimmt, wie effektiv Sie als Führungsperson sein können.

In solchen konfliktträchtigen Momenten zeigt es sich, ob Sie tatsächlich Führungsqualität besitzen und wie es um Ihre Vision, Ihre Ziele und Intentionen bestellt ist.

In der Psychologie beschreibt das Toleranzfenster den Erregungsbereich (physische und mentale Wachsamkeit), in dem ein Individuum gut funktionieren kann. Dieses Konzept hilft uns, wiederkehrende Umstände und Situationen als solche zu erkennen und ruhig und effektiv auf sie zu reagieren, führt aber auch dazu, dass Ereignisse außerhalb des normalen Rahmens uns destabilisieren.

Sie als bewusste Führungsperson sollten daher nach praktischen Möglichkeiten suchen, Ihr Toleranzfenster zu vergrößern, um besser mit Stress und hohem Druck umgehen zu können, denn schließlich stehen Sie im Mittelpunkt der Aufmerksamkeit, wenn schwierige Entscheidungen zu treffen und Veränderungen anzuschieben sind. Die übrigen Beteiligten hoffen, dass von allen Anwesenden Sie der größte Garant für Stabilität in unsicheren Zeiten sind.

Was Sie brauchen, ist die Fähigkeit, auf schwierigstem Terrain voranzukommen und sich dabei ehrlicher Selbstkontrolle zu unterziehen. Wenn Sie dies glaubhaft ausstrahlen, wird Ihr Vorbild unweigerlich andere zur Nachahmung anregen.

Sollten Sie in diesem Bereich wachsen wollen, sind Sie hier richtig! Sorgen Sie dafür, in guter Gesellschaft zu sein. Instrumente wie Achtsamkeit sind hier der Schlüssel. Achtsamkeit zeigt Ihnen, wie Sie sich selbst in schwierigen inneren Zuständen wie Angst, Panik, Sorge, Chaos und Verwirrung sicherer fühlen können. Im Lauf der Zeit wird sich Ihr Toleranzfenster ein wenig weiter öffnen.

Je weiter Sie die Fähigkeit zum Selbstmanagement ausbauen, desto eher wird es Ihnen gelingen, problematischen Worten, Gedanken und Taten gelassen zu begegnen.

STRESSRESILIENZ

Wenn Sie allen Stress in Ihrem Leben auf Knopfdruck verschwinden lassen könnten – würden Sie diesen „Zauberknopf" drücken?

Dr. Kelly McGonigal, Gesundheitspsychologin an der Universität Stanford (USA) sagt: „Stress entsteht dann, wenn etwas auf dem Spiel steht, das uns wichtig ist." Lassen Sie diesen Satz wirken und denken dann noch einmal über die oben stehende Frage nach.

Bevor Sie antworten, überlegen Sie, was sonst noch aus Ihrem Leben verschwinden müsste, damit es stressfrei wäre. Wenn Sie normalerweise von Ihrem Kind oder Haustier, Ihren Eltern, Zielen oder Erwartungen gestresst sind, würde der „Zauberknopf" sie auslöschen. Nach McGonigals Definition wäre das Gegenteil von Stress nicht Freude und Zufriedenheit, sondern Apathie; Ihr Leben würde auf eine öde Existenz reduziert, in der nichts Bedeutung für Sie hat.

Diese Neuinterpretation von Stress empfinde ich als machtvolle Alternative zu den sonst üblichen negativen Konnotationen. Sie erinnert mich daran, dass es zu einem guten Leben dazugehört, alle möglichen Dinge wichtig zu nehmen, um die wir uns sorgen, und der Preis für diese Sorge ist eine Portion Stress. Das eine geht nicht ohne das andere.

Diese Erkenntnis ermöglicht es uns, mehr Gefühl und Respekt für die Stressoren unseres Leben aufzubringen. Statt ihn beseitigen zu wollen, sollten wir Stress aus einer neuen Perspektive betrachten – vielleicht sogar auf eine gewisse Art wertschätzen!

Der Inhalt Ihrer Stresswolke
Die meisten Menschen leben unter einer Wolke aus Stress. In der Wolke stecken alle unfertigen Projekte, der Ärger auf der Arbeit und zu Hause, die Sorgen um Gesundheit und Finanzen und all die Widrigkeiten des Alltags.

Verschaffen Sie sich einen Überblick über Ihre Stressoren! Listen Sie alle auf, halten Sie einen Moment inne und betrachten Sie möglichst objektiv Ihre aktuelle Situation. Ideengeberin für die folgende Übung war die promovierte Fitness- und Wellness-Expertin Kimberlee Bethany Bonura.

+ DIE ÜBUNG

Anmerkung: Diese Übung will Perspektiven aufzeigen, nicht therapeutisch wirken. Wenn Sie momentan ein Trauma verarbeiten, gehen Sie behutsam vor, holen Sie sich Unterstützung oder lassen Sie die Übung weg.

01. Lesen Sie die Aufschlüsselung.
02. Ordnen Sie Ihre Stressoren, große wie kleine, dem passenden Feld zu.
03. Beantworten Sie die Fragen darunter.

AUFSCHLÜSSELUNG:

Trauma Lebensereignisse, unter denen Sie ernsthaft leiden und die Sie beeinträchtigen.	**Bedrängendes** Abgabetermine, kleinere Streitpunkte in der Partnerbeziehung, finanzielle Sorgen ...
Lästige Pflichten Die täglichen Haushaltstätigkeiten.	**Ärgernisse** Die Wasserblase am Fuß, die Ameisen beim Picknick ...

FRAGEN:

01. Fühlen Sie sich nach dem Ausfüllen der Felder mehr oder weniger gestresst?
02. Was, denken Sie, ist der Grund dafür?
03. Haben Sie genügend Unterstützung, um mit Ihren derzeitigen Herausforderungen zurechtzukommen? Wenn nicht, gibt es jemanden, an den Sie sich wenden können, oder ist es Ihnen möglich, eine neue Entscheidung zu treffen?
04. Sehen Sie sich Ihre Tabelle an. Enthält Sie etwas, das Sie begrüßen können? Ist Ihnen z. B. aufgefallen, dass Ihr Trauma-Feld aktuell leer ist?

Selbst wenn diese Übung bei Ihnen dazu führen sollte, dass sie sich gestresster fühlen, hat sie dennoch einen perspektivischen Nutzen. Einen Schritt zurückzutreten, ermöglicht Ihnen, sich weniger stark mit angstbesetzten, negativen Gedanken zu identifizieren, und schafft Raum für klare Entscheidungen und kluge Handlungsoptionen.

PERSPEKTIVWECHSEL

Ein klarer Blick auf die gegenwärtige Situation hilft, den nächsten Schritt zu planen. Wenn Sie gerade eine traumatische Phase durchleben und sich noch keine Hilfe gesucht haben, ist jetzt vielleicht der richtige Zeitpunkt. In Zeiten seelischer Erschütterung brauchen wir unsere Helferteams. Wenn die Zwänge und Pflichten des Lebens schwer auf Ihnen lasten, machen Sie sich bewusst, dass diese in einem gewissen Maß immer da sein werden. Es ist wichtig, eine gesunde Grundhaltung zu entwickeln: Die Forschung zeigt, dass der Umgang mit den täglichen Scherereien größeren Einfluss auf das Aufkommen von Ängsten und Depression hat als das (Nicht-) Vorhandensein schwerer Traumata. Wie Sie mithilfe von Achtsamkeit lernen können, Störfaktoren weniger Gewicht zu verleihen, zeigt Ihnen die Übung auf Seite 126.

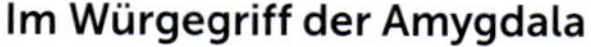

Im Würgegriff der Amygdala

Stellen Sie sich vor, Sie halten vor Führungskräften eine Präsentation über die Fortschritte Ihres Teams und den Entwicklungsplan fürs nächste Quartal. Sie sprechen über Gewinne, Ressourcenanforderungen und Zukunftsplanung, als Ihr Chef Sie unterbricht: „Das ist nicht das, worum wir gebeten hatten. Wo sind die Zahlen? Was bringen all die hübschen Folien, wenn die Zahlen fehlen?"

Zwar enthalten die letzten Folien Ihrer Präsentation die gewünschten Zahlen, aber der aggressive Zwischenruf lässt Angst in Ihnen aufsteigen, die sich physisch bemerkbar macht: Sie bekommen schwitzige Hände, erröten und stottern – die Amygdala hat Sie im Griff. Was Sie jetzt brauchen, sind Selbstkontrolle und Stressresilienz – Kernkompetenzen bewusster Führungskräfte.

Die Amygdala besteht aus zwei erbsengroßen Strukturen im Gehirn, die aktiviert werden, wenn eine akute Gefahr wahrgenommen wird. Dieses „Alarmsystem" versetzt Körper und Gehirn in eine Art Überlebensmodus. Dazu werden Ressourcen vom präfrontalen Cortex (PFC, wo rationales Denken, Entscheidungsfindung etc. stattfinden) abgezogen, um stattdessen Muskeln und lebenswichtige Organe besser zu versorgen. Dies ist eine angemessene Reaktion, wenn ein Tiger in den Raum springt, aber nicht während einer Präsentation oder wenn ein Fremder Sie kritisiert. In solchen Situationen muss Ihr PFC optimal funktionieren, und deswegen ist es so wichtig, die Eigenwahrnehmung rund um die Stressreaktivität zu steigern und Kontrollmechanismen zu erlernen.

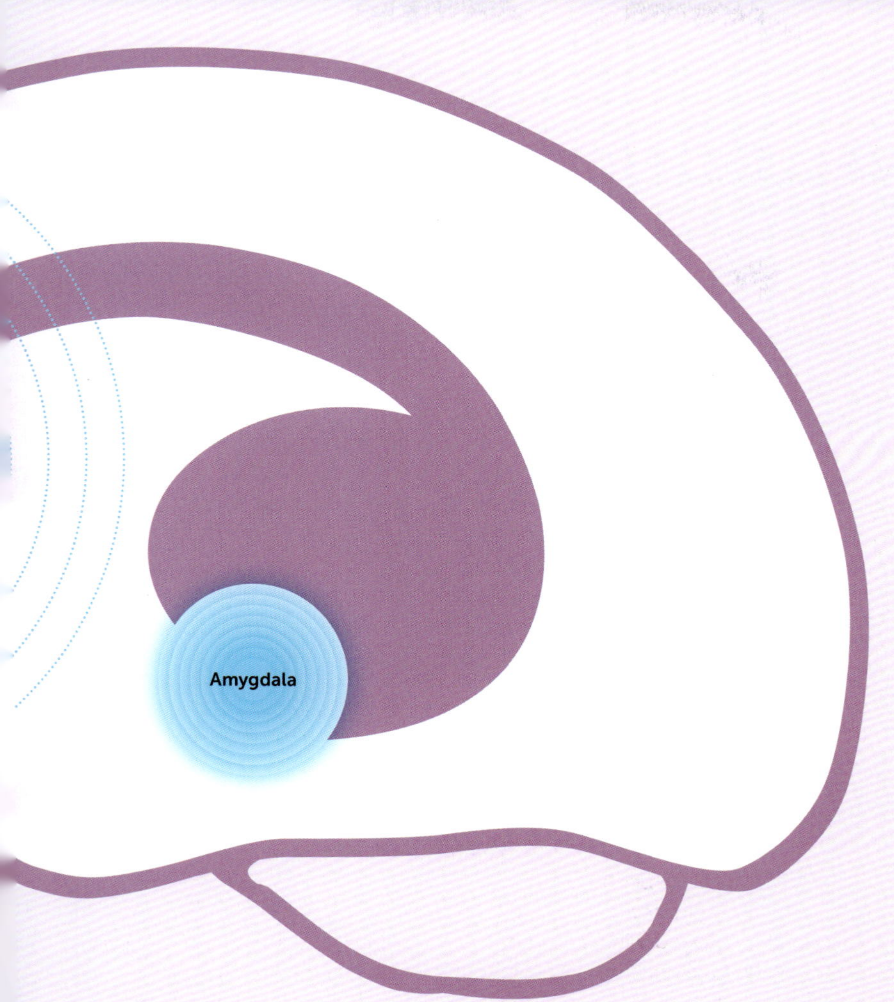

PRAKTISCHE ÜBUNG

Mit der STOP-Methode, die in Kursen zur Stressreduktion durch Achtsamkeit gelehrt wird, erlangen Sie in stressigen Situationen Klarheit und Ruhe.

Wenn Sie bemerken, dass Ihre Amygdala übernommen hat, fragen Sie sich: *Bin ich in physischer Gefahr?*

Ist die Antwort Nein, tun Sie Folgendes:

S – *Stop*: Halten Sie inne. Erden Sie sich. Fühlen Sie, wie Ihre Füße Sie mit dem Boden verbinden.

T – *Take a breath*: Bewusst einatmen, ausatmen und alles loslassen.

O – *Observe*: Beobachten Sie, was in Ihnen und außerhalb von Ihnen geschieht. Tut sich eine neue Möglichkeit auf?

P – *Proceed*: Weitermachen oder die Übung wiederholen.

DIE WELLE DER UNGEWISSHEIT REITEN

Es gibt Zeiten des Wandels und der Ungewissheit. Scheidung, Entlassung, Kinder kriegen, eine neue Stelle antreten ... Lebensereignisse wie diese können uns in unseren Grundfesten erschüttern und fordern uns viel Standhaftigkeit ab.

Doch so unbeliebt sie auch sind: Veränderung und Ungewissheit wird es immer geben. Paradoxerweise zählen sie sogar zu den großen Konstanten der menschlichen Existenz. Was wäre also ein gesunder, praktikabler Umgang mit diesen Unumgänglichkeiten? Sprichwörter wie die folgende Surferweisheit zeigen Wege auf:

Du kannst die Wellen nicht aufhalten, aber du kannst surfen lernen.

Die Maxime lautet: Bauen Sie Ihr Dasein nicht auf Ihren Lebensumständen auf, sondern verankern Sie sich in sich selbst, Ihren Fähigkeiten, Ihrer Kreativität, Ihrem Einfallsreichtum. Beim Surfen geht es nicht darum, ein wellenfreies Meer zu erschaffen, sondern den Punkt der Ruhe in sich selbst zu finden und den Ritt auf dem Wellenkamm zu genießen.

Das Leben besteht aus der permanenten Abdrängung von der eigenen Mitte und der Mühe, zu ihr zurückzufinden. Jedes Mal, wenn Sie vom Surfbrett fallen und wieder hinaufklettern, sind Sie ein bisschen klüger und geschickter. Das Vermessen Ihrer inneren Räume und der Mut, zu Ihrer Mitte zurückzukehren, ist der Weg des Bewussten Führens.

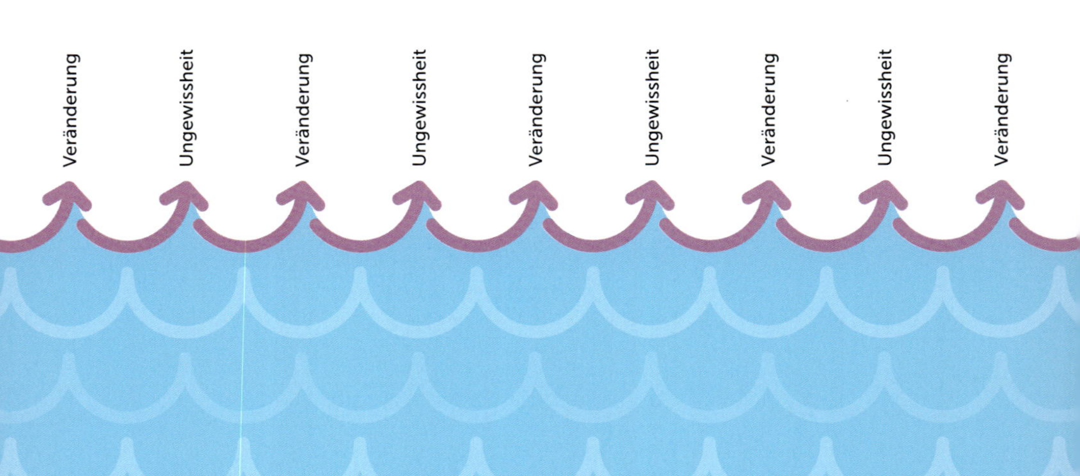

+ DIE ÜBUNG

Der Hang unseres Gehirns zum Negativen lässt uns glauben, jede Veränderung des Status quo sei problematisch. Die folgende Übung will jedoch zeigen, dass es im Leben keine falschen Wege gibt: Jeder Weg hält Erfahrungen, Lernprozesse und potenzielle Weisheit bereit, vor allem wenn man optimistisch an ihn herangeht.

01. Schreiben Sie drei wichtige Veränderungen auf, die sich in der Vergangenheit ereignet haben, über die Sie sich furchtbare Sorgen gemacht haben, die aber dann unerwartete positive Auswirkungen hatten.

02. Listen Sie drei Fehler auf, die Sie begangen haben und aus denen Sie etwas Wichtiges gelernt haben.

03. Denken Sie über eine aktuelle Veränderung in Ihrem Leben nach, gegen die Sie sich wehren. Wie könnten Sie Ihren Widerstand abbauen und die Veränderung begrüßen, obwohl sie Ihnen Angst einjagt?

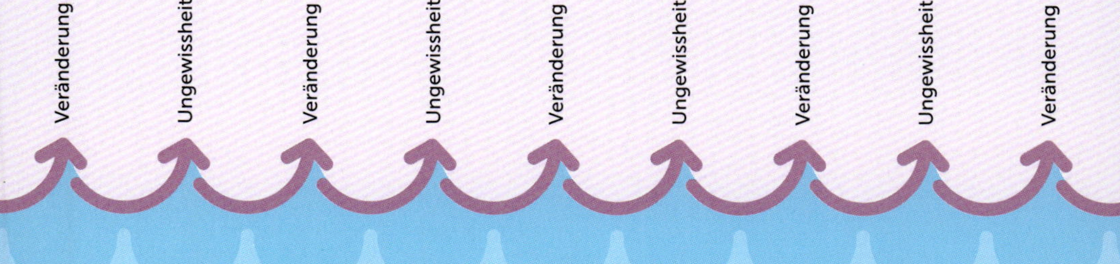

JA ZUR VERÄNDERUNG

Transformationsprozesse sind nicht immer schön oder angenehm. Ein Kinderbuch erzählt von einer kleinen Raupe, die keine Ahnung hat, was aus ihr werden wird, als sie sich zu verpuppen beginnt, aber dennoch in den Kokon kriecht. Sie lässt sich auf die ihr unbekannte Zukunft ein und ist bereit, sich dem Prozess vollkommen hinzugeben. Würden wir inmitten der Metamorphose in die Puppe hineinschauen, erblickten wir nur eine formlose Masse und wären verleitet zu denken, dass die Raupe in ihr Unglück gerannt ist. Aber nein: Alles ist genau so, wie es sein soll. Der Prozess schreitet fort, keine noch so winzige Stufe ist überflüssig.

Es geht darum zu zeigen, dass in Phasen des Wandels zu bestimmten Zeitpunkten alles in bester Ordnung ist, aber von außen wirklich hässlich aussieht. Ihr Vertrauen in den Prozess symbolisiert eine tiefgehende Akzeptanz der fortschreitenden Veränderung, die umso unerlässlicher wird, je mehr Sie sich auf die eigene persönliche Entwicklung einlassen.

Ab einem gewissen Punkt muss eine Führungskraft einen Weg finden, den eigenen Wandel zu begrüßen, und andere dazu bringen, diesen zu akzeptieren. Der Autor Deepak Chopra hat dazu die passende Affirmation: „Je unsicherer mir alles erscheint, um so sicherer werde ich mich fühlen, denn Unsicherheit ist mein Weg zur Freiheit."

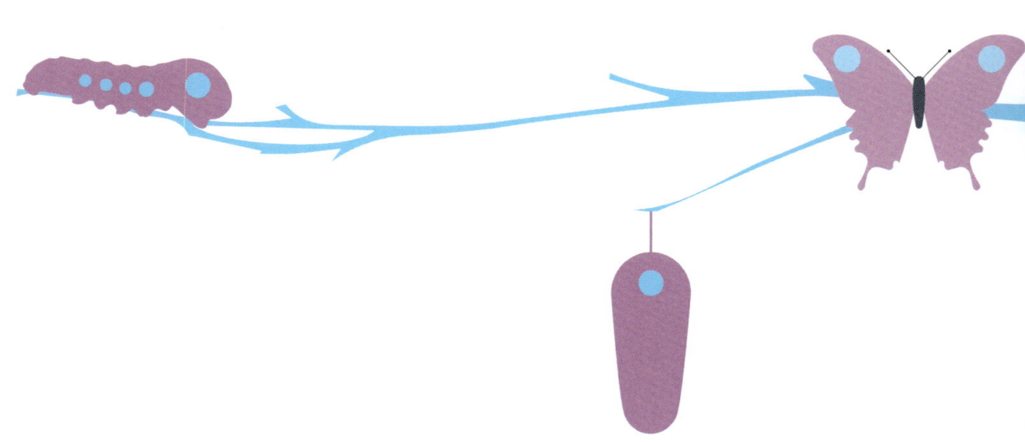

PRAKTISCHE ÜBUNG

Stellen Sie sich vor, aufgrund einer geplanten Firmenfusion würde Ihre Abteilung überflüssig werden. Welche positiven Schritte könnten Sie in Reaktion auf diese Ankündigung unternehmen?

01. SELBSTVERANKERUNG
Wenn sich alles zu verändern scheint, denken Sie daran, dass es stabile Elemente in Ihrem Leben gibt, auf die Sie sich verlassen können – Partner, Familie, Lesekreis, Yogakurs usw. Investieren Sie weiterhin Zeit in diese Dinge!

02. SELBSTAKZEPTANZ
Auch wenn es Ihnen unmöglich erscheint: Fangen Sie an, Ihre aktuelle Situation anzunehmen. Akzeptanz ist Dreh- und Angelpunkt der Realität und Voraussetzung für jeden lohnenswerten Wandel.

03. SELSTFÜRSORGE
In Zeiten des Wandels müssen Sie besonders gut für sich sorgen. Erden Sie sich mit guter Ernährung, treffen Sie sich mit alten Freunden, buchen Sie die Massage, die Sie sich versprochen haben.

04. FÄHIGKEITEN AUSBAUEN
Jetzt ist der ideale Zeitpunkt, in Fortbildungen zu investieren. Ist Ihr Lebenslauf auf dem neuesten Stand? Repräsentiert er Sie und Ihre Kompetenzen? Feilen Sie an Ihren Bewerbungsschreiben.

05. SCHRITT FÜR SCHRITT
Veränderung kann verwirrend sein. Sie können nicht alles vorhersehen. Führen Sie sich immer wieder vor Augen, wo Sie hinwollen, indem Sie sich fragen: *Was ist der nächste richtige Schritt?*

06. EINE NACHT DARÜBER SCHLAFEN
In Zeiten des Wandels sollten Sie sich Zeit für Ihre Entscheidungen nehmen. Wenn Sie einen weitreichenden Entschluss gefasst haben, schlafen Sie eine Nacht darüber und prüfen Sie, ob er sich am nächsten Morgen noch richtig anfühlt.

07. NACH INNEN HÖREN
Nutzen Sie ruhige Momente. Atmen Sie ein paarmal tief ein und aus und überlegen Sie: *Was kann diese Veränderung mir über mich sagen?*

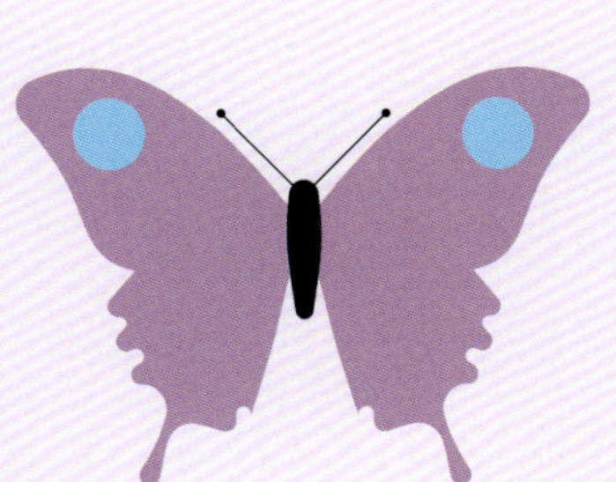

BEWUSST BEDEUTET, EIGENEN ZURÜCKZU

FÜHREN
ZUR
MITTE
KEHREN.

EMOTIONALE INTELLIGENZ

Sue wurde mit 21 Jahren Teil einer machistischen Belegschaft. Sie lernte schnell, dass dort Emotionen mit Schwäche gleichgesetzt wurden, Gefühlskälte mit Stärke und Verwendbarkeit mit Wert. Nach einigen Jahren voller Angst lernte sie, ihre Emotionen zu ignorieren, und verband unbewusst ihre Fähigkeit, dies zu tun, mit ihrem Wert für die Firma. Heute, mit 42, fällt es Sue manchmal schwer, zu Leuten außerhalb der Arbeit eine Beziehung herzustellen, und ihr Partner wirft ihr vor, distanziert und gefühllos zu sein.

Diese Erfahrung ist nicht ungewöhnlich, Sues Mentalität ist weit verbreitet. Die traurige Folge davon ist, dass Generationen von Angestellten gelernt haben, ihre Emotionen zu unterdrücken, sobald Sie das Büro betreten. Und mit dieser Verleugnung ihres emotionalen Bewusstseins nehmen sie sich die Möglichkeit, eine ihrer wertvollsten Ressourcen auszubauen: die emotionale Intelligenz.

Emotionale Intelligenz (EQ) beschreibt die Fähigkeit, sich mit den eigenen Emotionen und den von anderen zu identifizieren und mit ihnen zu arbeiten. Ohne Verständnis für den Wert und die Bedeutung von Emotionen ist der Mensch von Gier getrieben und mitleidlos, ohne Kontakt zu sich selbst.

Emotionale Intelligenz wird seit 1985 wissenschaftlich erforscht. Die Verbindung zur Führungsqualität zog man erst später. 1998 erklärte Daniel Goleman den Begriff so:

Ohne emotionale Intelligenz kann jemand die denkbar beste Ausbildung haben, über einen analytischen Verstand verfügen, vor guten Ideen nur so sprudeln, und trotzdem wird aus ihm nie eine exzellente Führungspersönlichkeit.

Seither spielt die EQ-Steigerung eine zentrale Rolle im Führungskräftetraining und muss, wie jede Fähigkeit, kontinuierlich weiterentwickelt werden.

EQ als entscheidender Faktor

Wenn Sie sich für einen Job bewerben, sind Ihre Mitbewerber wahrscheinlich genauso klug wie sie (d. h. sie haben die gleiche IQ-Hürde genommen). Sobald Sie einen Fuß in der Tür haben, wird die Person weiterkommen, befördert werden und Leitungsfunktionen übernehmen, die über mehr emotionale Intelligenz verfügt.

Ein Blick auf die vier Aspekte der emotionalen Intelligenz (nach Daniel Goleman) verdeutlicht, warum das so ist.

DIE VIER ASPEKTE DER EMOTIONALEN INTELLIGENZ

SELBSTBEWUSSTHEIT

- Die eigenen Emotionen erkennen
- Gute Selbsteinschätzung
- Selbstvertrauen, Selbstmitgefühl

UMGANG MIT SICH SELBST

- Emotionale Selbstkontrolle, Transparenz, geringe Stressreaktivität, Anpassungsfähigkeit
- Selbstführungskompetenz, Entschlusskraft
- Optimistisch, leistungsorientiert

SOZIALES BEWUSSTSEIN

- Empathie, Unternehmensbewusstsein
- Mitgefühl mit anderen
- Serviceorientierung

UMGANG MIT BEZIEHUNGEN

- Inklusiv, fördert andere, Teamwork und Kollaboration
- Inspirierender Führungsstil, Impulsgeber für Veränderung, Meinungsführer
- Kluges Konfliktmanagement

EQ-PRAXIS

Emotionale Intelligenz zeigt sich in zahllosen kleinen Entscheidungen, Taten und Worten. In der Praxis kann das bedeuten, dass Sie das nächste Mal einen Moment innehalten, bevor Sie auf eine schwierige Situation reagieren. Ein paar Beispiele:

EQ sieht aus wie:

- aufs Dramatisieren verzichten.
- den Beschwerdemodus verlassen.
- das Positive sehen.
- die eigene Fehlbarkeit eingestehen.
- sich selbst erlauben, den Schmerz, den man anderen zugefügt hat, zu spüren – und den Schaden anzuerkennen.
- Verantwortung übernehmen.

EQ klingt wie:

- ehrliche Entschuldigungen: „Es tut mir leid, dass ich Sie verärgert habe."
- offene Fragen: „Helfen Sie mir bitte, Ihren Standpunkt zu verstehen?"
- Wertschätzung: „Ich danke Ihnen für alles, was Sie für mich getan haben."
- Gesprächsbereitschaft: „Können wir darüber reden?"
- angemessene Emotionsäußerungen: „Es macht mich traurig und wütend, dass das passiert."

Mehr EQ fühlt sich an wie:

- eine Herausforderung; anfangs beängstigend und verwirrend, weil wir alte Muster und Verhaltensweisen aufgeben.
- Stärkung, Erdung, Zentrierung, Stabilisierung, da wir neue Methoden kennenlernen, uns mit anderen zu verbinden.

EQ bringt:

- Stabilität
- Wertschätzung
- Dankbarkeit
- Vergebung
- Mitgefühl
- Herzlichkeit und Wärme
- Präsenz
- Inspiration
- Weisheit

Umgang mit schwierigen Emotionen

Wenn es bei Ihnen ist wie bei mir, dann fällt es Ihnen nicht sonderlich schwer, Freude, Lachen und Liebe zu verarbeiten. Bei Wut, Trauer und Angst hingegen wird es schon kniffliger. Doch was wäre, wenn es Ihnen gelänge, diese sperrigeren emotionalen Zustände mit der gleichen Offenheit zu erleben und zu behandeln wie die angenehm kuscheligen?

Wissenschaftler haben herausgefunden, dass Emotionen innerhalb von 90 Sekunden aufsteigen, den Körper durchlaufen und sich wieder auflösen – es sei denn, wir wehren uns gegen sie oder entscheiden uns dafür, den Kreislauf erneut in Gang zu setzen, indem wir noch einmal Gedanken lostreten, die diese Emotionen auslösen. Das Problem ist also nicht unser Körper – der sich meisterlich auf die Verarbeitung von Emotionen versteht –, sondern die menschliche Psyche, mit der Folge, dass sowohl Katastrophisierung als auch Rumination (siehe Lektion 6) uns plagen.

PRAKTISCHE ÜBUNG

01. AKZEPTIEREN

Wenn schwierige Emotionen aufsteigen, geht es zuerst darum, diese anzunehmen. Erinnern Sie sich an die Achtsamkeits-Maxime: *Akzeptanz ist die Voraussetzung für Veränderung*.

02. ZUWENDEN

Wenn Ihre Emotionen von der Intensität her kontrollierbar scheinen, versuchen Sie, sich ihnen zuzuwenden. Gestatten Sie sich, sie anzuerkennen und zu empfinden. Richten Sie all Ihre Achtsamkeit auf sie. Kämpfen Sie nicht dagegen an – wird es zu viel, können Sie sich jederzeit abwenden.

03. BENENNEN

Wie könnten Sie diese Emotion ungefähr beschreiben? Durch das Benennen von Emotionen gewinnen wir Abstand von ihnen und können Sie neu betrachten: Das ist Trauer. Das ist Reue. Das ist …

04. AUSDRÜCKEN

Verleihen wir einer Emotion Ausdruck, erlauben wir ihr, frei durch uns hindurchzufließen. Wenn Sie allein sind, geben Sie ihr einen Klang: ein Keuchen, Wimmern, Lachen, Seufzen etc. Oder Sie nehmen ein weißes Blatt Papier, skizzieren die Umrisse Ihres Körpers und markieren mithilfe von Schraffur, Wörtern oder Symbolen, wie sich Ihr Körper wo anfühlt.

05. ZUHÖREN

Emotionen sind nicht immer so bedeutungsvoll, wie Sie vielleicht denken. Manchmal rauschen Sie nur durch, ab und zu bringen Sie Erkenntnisse. Horchen Sie in sich hinein, um es herauszufinden.

SELBSTMITGEFÜHL

Was ist Selbstmitgefühl? Vereinfacht gesagt, ist es die Fähigkeit, mit sich selbst in Beziehung zu treten und zu sprechen wie mit einem guten Freund.

Vielleicht denken Sie jetzt, dass das nicht viel mit Führungskraft zu tun haben kann. In Momenten, in denen Sie andere aktiv führen, mag es selbstsüchtig oder unangemessen erscheinen, über Selbstmitgefühl nachzudenken, wurde diese Qualität in der Vergangenheit doch mit Schwäche, Selbstmitleid und fehlender Motivation gleichgesetzt.

Aber die Forschung hat diese Vorurteile als Irrtümer entlarvt. Tatsächlich verfügt, wer Selbstmitgefühl praktiziert, über mehr Resilienz und innere Stärke, kann die Höhen und Tiefen des Alltags besser verkraften, fühlt sich gesünder und motivierter und kümmert sich stärker um das Wohlergehen anderer. Diese Faktoren kennen wir von der emotionalen Intelligenz, und hier wird die Verbindung zur Führungsqualität deutlich.

Bedenken Sie außerdem, dass Führungspersonen andere durch ihr Verhalten, ihre Taten und Worte inspirieren. Die von ihnen Geführten fühlen sich mit ihnen menschlich verbunden und verfolgen ähnliche Ziele. Indem sie selbst Selbstmitgefühl praktizieren, erhöhen sie ihren Einfluss. Andere spüren, dass die Fürsorge, die die Führenden sich selbst zukommen lassen, sich auch positiv auf die Umgebung auswirkt.

Probe aufs Exempel

Wenn Selbstmitgefühl die Fähigkeit beschreibt, großzügig und freundlich zu sich selbst zu sein, wieso besitzen diese Eigenschaft nicht alle? Die Forschung zeigt, dass viele von uns Probleme damit haben.

Die folgende Schreibübung hilft Ihnen festzustellen, wie es derzeit um Ihre Beziehung zu Ihrem Selbst bestellt ist. Wenn Sie sich zentriert und klar fühlen, probieren Sie es aus! Wenn Sie jedoch gerade eine harte Zeit durchleben, sollten Sie die Übung auf später verschieben oder zusammen mit einem Freund oder Profi angehen.

+ DIE ÜBUNG

Denken Sie über jede Frage nach und schreiben Sie die Antwort in Ihr Notizbuch.

01. Ein guter Freund besucht Sie. Er kämpft gerade mit persönlichen Problemen.

- Was würden Sie zu ihm sagen?
- In welchem Ton würden Sie mit ihm sprechen?
- Wie sähe Ihre Körpersprache aus (stellen Sie sich bildlich vor, wie Sie in diesem Szenario agieren)?

02. Denken Sie an Verhaltensweisen, mit denen Sie regelmäßig kämpfen, z. B. auf der Arbeit, im Zusammenhang mit Fitness, Selbstvertrauen …

- Was sagen Sie zu sich selbst?
- In welchem Ton sprechen Sie mit sich?
- Welche Körperhaltung nehmen Sie ein, wie sieht Ihre Körpersprache aus?
- Wie wirkt sich das auf den Teil von Ihnen aus, der diese Worte empfängt?
- Wenn Sie in diesem Szenario sehr kritisch mit sich selbst umgehen, können Sie dem Teil, der die Kritik empfängt, ein paar Worte des Mitgefühls schreiben?

03. Überlegen Sie, welche Motivation hinter der kritischen Stimme stecken könnte (sie wird häufig als der „innere Kritiker" bezeichnet).

04. Können Sie auch Ihrem inneren Kritiker ein paar mitfühlende Worte schreiben?

05. Beenden Sie die Übung, indem Sie einige mitfühlende Worte an sich selbst schreiben.

ACHTSAMES SELBSTMITGEFÜHL KULTIVIEREN

Vielleicht ist Ihnen aufgefallen, dass in Ihrem Kopf ein mächtiger innerer Kritiker sitzt, der, statt Ihre guten Absichten und Bemühungen zu loben, Ihnen stets sagt, wo Sie unzulänglich und unwürdig sind. Seine furchterregende Stimme ist die Manifestation einer nach innen gekehrten Gefahrenreaktion. Dass wir auf bedrohliche Situationen mit Kampf, Flucht oder Erstarrung reagieren, kann zu schädlichen Verhaltensweisen führen:

INTERNALISIERTE GEFAHRENREAKTION

Kampf	Selbstkritik (innerer Kritiker)
Flucht	Isolation (selbstauferlegt)
Erstarrung	Rumination (Überidentifikation)

Ihr Selbstmitgefühl erinnert Sie daran, dass es auch anders geht. Statt in alte Kritikmuster zu verfallen, können Sie sich sagen:

- Ich tue mein Bestes.
- Das ist schwer.
- Ich habe gerade viel um die Ohren.
- Ich tue mich hier schwer und brauche Unterstützung.
- Ich habe nichts Falsches getan.
- Leib und Leben sind nicht in Gefahr.
- Ich werde geliebt.
- Ich bin mit anderen Menschen verbunden und kann, wenn ich möchte, um Hilfe bitten.
- Ich werde es überstehen.
- Es wird alles gutgehen.

Denken Sie daran: Ihre Erfolgsbilanz hinsichtlich des Überstehens harter Tage liegt bei 100 %. Diesen werden Sie auch überstehen.

PRAKTISCHE ÜBUNG

Nachgeben, trösten, zulassen **ist eine kurze Übung in Selbstmitgefühl, entwickelt von der Psychologie-Professorin Kristin Neff. Sie können sie immer dann machen, wenn Sie einen anstrengenden Tag haben oder sich überfordert fühlen.**

NACHGEBEN

Geben Sie Ihrem Gefühl sanft nach. Gestatten Sie sich, den Schmerz, die Verletzung zu fühlen. Atmen Sie in das Gefühl.

TRÖSTEN

Legen Sie eine Hand oder beide auf die Stelle Ihres Körpers, die Aufmerksamkeit verlangt, oder halten Sie Ihre eigene Hand. Stellen Sie sich vor, Sie würden einer geliebten Person beistehen.

ZULASSEN

Wenn es sich für Sie richtig anfühlt, gestatten Sie sich, sich zu öffnen und deutlicher zu spüren, was in Ihnen ist. Wenn es Ihnen zu viel wird, können Sie jederzeit aufhören. Erinnern Sie sich daran, dass Sie ein Mensch sind und dass Sie sich voller Mitgefühl und Fürsorge um den Teil von Ihnen kümmern, der gerade schmerzt.

ZWEI PFLANZEN

2016 sponserte Ikea ein kreatives Experiment. Eine Schulklasse kümmerte sich um zwei identische Pflanzen. Beide bekamen die gleiche Menge Wasser und Sonnenlicht, aber der einen wurden Aufnahmen von Schülern vorgespielt, die unangenehme, gemeine Dinge sagten, der anderen Aufnahmen von positiven Botschaften. Zusätzlich waren die Schüler angehalten, die eine Pflanze beim Vorbeigehen zu verspotten, die andere zu loben.

Das Ergebnis: Die mit negativer Aufmerksamkeit bedachte Pflanze schwächelte, während die freundlich behandelte sichtbar gedieh. Zwar erfüllt das Experiment keine streng wissenschaftlichen Kriterien, aber die Schüler sahen mit eigenen Augen, dass die eine Pflanze verkümmerte und die andere sich prächtig entwickelte – eine für die Jugendlichen gut nachvollziehbare visuelle Lektion über die Auswirkungen von z. B. Mobbing.

Denken Sie jetzt an die Dinge, die Sie in schweren Zeiten zu sich selbst sagen. Welche Pflanze sind Sie?

TOOLKIT

09

Stress ist eine notwendige und natürliche Komponente des Lebens. Um ausgeglichen und leicht durch den Tag zu kommen, benötigen Sie einen klaren Blick auf die verschiedenen Typen von Stressoren, damit Sie jedem die nötige Menge und Art der Aufmerksamkeit entgegenbringen können. Und wenn es kritisch wird, fragen Sie sich, ob Sie physisch in Gefahr sind. Lautet die Antwort *Nein*, hilft Ihnen die STOP-Methode weiter.

10

Veränderungen willkommen zu heißen fällt oft nicht leicht, lohnt sich aber! Der Status quo bietet keine Sicherheit, nichts auf der Welt ist von Dauer, nichts hält ewig. Lernen Sie, den Fluss des Wandels durch Ihr Leben hindurchfließen zu lassen. Nutzen Sie proaktive Instrumente, um einen klaren Kopf zu bewahren. Das hilft Ihnen, den Lauf der Dinge mit Gelassenheit und Gleichmut zu betrachten.

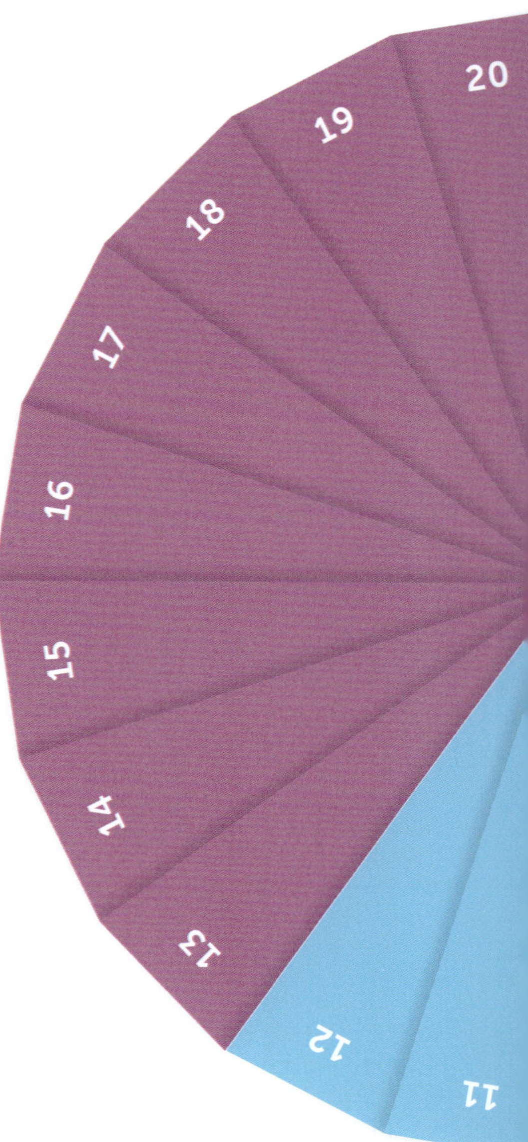

11

Ausgeprägte emotionale Intelligenz ist die wichtigste Voraussetzung für Führungsstärke. Ihr EQ steht im Zusammenhang mit Ihrer Fähigkeit zu inspirieren, zu motivieren und Einfluss zu nehmen. Um Ihren EQ zu steigern, müssen Sie sich auf Ihre Selbstentfaltung einlassen und bereit sein, in Ihren Achtsamkeitsübungen schwierige Emotionen zu durchleben. Nur so werden Sie mehr Selbstbewusstheit und Präsenz gewinnen.

12

Selbstmitgefühl ist vielen nicht automatisch gegeben, aber es ist eine machtvolle Erfahrung, welche Veränderungen möglich sind, wenn wir anders mit uns selbst umgehen. Es stellt sich heraus, dass die Entwicklung von Selbstmitgefühl mithilfe von kurzen Übungen wie *Nachgeben, trösten, zulassen* (S. 86) auch Ihr Wohlbefinden, Ihre Motivation und Ihre Fürsorge für andere stärkt. Ein Gewinn für alle!

ZUR VERTIEFUNG

LESEN

Emotionale Intelligenz
Daniel Goleman (dtv, 2011)

EQ2 – der Erfolgsquotient
Daniel Goleman (dtv, 2000)

Selbstmitgefühl: Das Übungsbuch
Kristin Neff (Arbor, 2019)

Die sieben geistigen Gesetze des Erfolgs
Deepak Chopra
(Allegria, 2010)

BESUCHEN

Die alljährlich in London stattfindende **Mindful Living Show/The Sleep Show** informiert über die neuesten Entwicklungen im Bereich Achtsamkeit und Meditation – ideal für ewig gestresste Arbeitstiere.
www.mindfullivingshow.com

ANHÖREN

„How To Make Stress Work For You" von Dr. Kimberlee Bethany Bonura (aus der Reihe „The Great Courses", 2017, www.audible.de).

TRAINIEREN

Geben Sie sich einen Ruck und starten Sie noch heute in ein Leben mit mehr Achtsamkeit und größerer Stressresilienz. Buchen Sie einen Meditationskurs, besuchen Sie Yogastunden – es gibt viel zu entdecken, machen Sie sich auf die Suche!

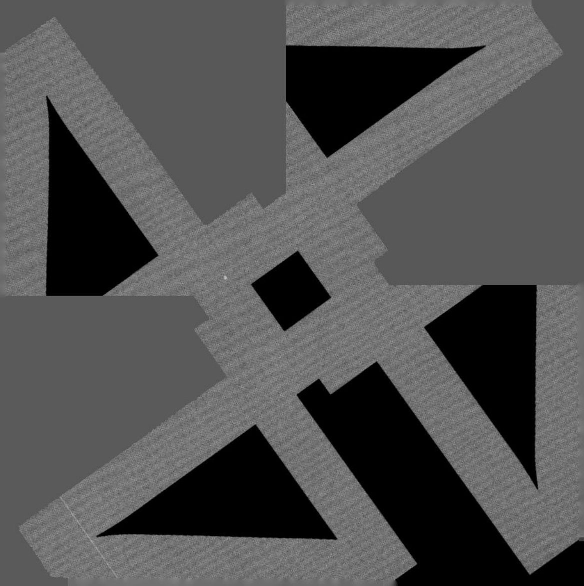

SELBSTENTFALTUNG

LEKTIONEN

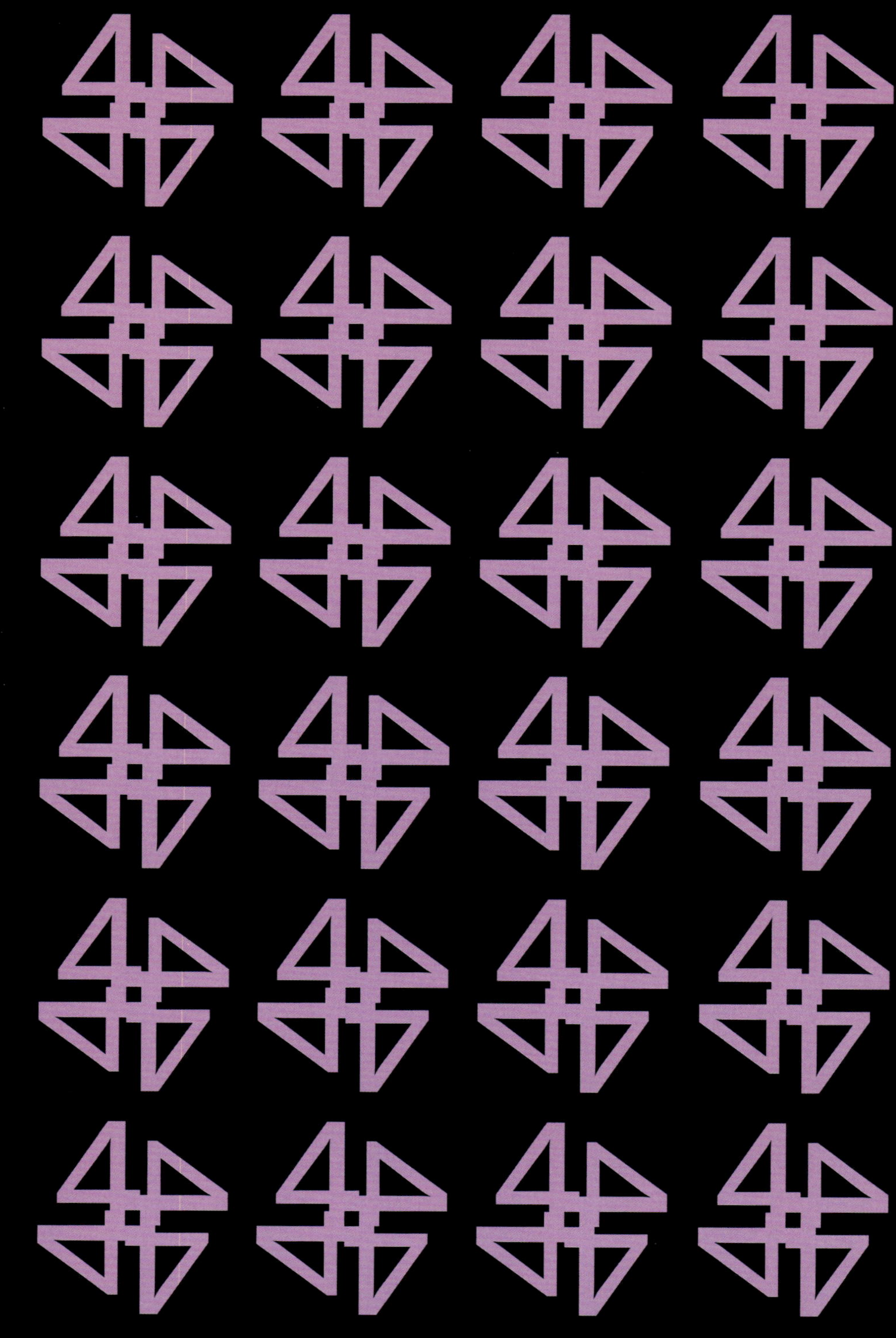

Die interessanten Dinge spielen sich an den Randzonen ab. Wo zwei Ökosysteme aufeinandertreffen, wo alt auf neu trifft, findet Lernen statt.

Wer dieses Buch liest, befasst sich bereits intensiv mit seiner eigenen Entwicklung. Als jemand, der Erkenntnisse und Fähigkeiten hinzugewinnen will, haben Sie wahrscheinlich schon bemerkt, dass die größten Fortschritte dann kommen, wenn man sie am wenigsten erwartet oder fern der Komfortzone Risiken eingeht, verletzbar ist. Dieser dynamische, Respekt einflößende Lernraum grenzt auf der einen Seite an den Wohlfühlbereich, auf der anderen an das Chaos.

Sie wissen ja: Die interessanten Dinge spielen sich in den Randzonen ab. Ob die Hecke am Feldrand oder die Graswurzelbewegung am Rand der Mehrheitsgesellschaft – wo zwei Ökosysteme aufeinandertreffen, wo alt auf neu trifft, findet Lernen statt. Für Ihre Selbstentfaltung müssen Sie daher Ihre Komfortzone verlassen: sich freiwillig für die komplizierte Präsentation melden, Aufgaben übernehmen, die Sie herausfordern, wieder die Schulbank drücken usw.

Beim Thema lebenslanges Lernen ist das japanische Kaizen-Prinzip zu erwähnen (*Kai* bedeutet Veränderung, *zen* bedeutet Weisheit.) Als philosophisches Konzept wird Kaizen häufig als die Lehre vom Streben nach kontinuierlicher Verbesserung beschrieben. Es ist nicht nur für die eigene Entfaltung relevant, sondern auch für die Effizienz und Leistungsfähigkeit von Prozessen, Gruppen und Unternehmen.

Kaizen fragt: So gut es heute auch gelaufen sein mag – wie kannst du es morgen besser machen? Dieses Prinzip der Suche nach positiver Entwicklung, im Kleinen wie im Großen, hält die Bedrohung durch das Festhalten am bequemen Status quo in Schach. Wenn Sie als Führungskraft Kaizen einsetzen möchten, erklären Sie Ihrem Team, dass es für Sie wichtig ist und wie es damit arbeiten soll. Während das Team Ihre Vorgaben umsetzt, sollten Sie darauf achten, regelmäßig diejenigen zu würdigen, die Ihre Erwartungen übertreffen; gute Leistungen können dadurch die nächste Stufe erreichen. So kann Kaizen als Denk- wie auch als Arbeitsweise in Teamprozesse integriert werden.

Die folgenden Lektionen untersuchen, welche Rolle dieses machtvolle Prinzip durch Achtsamkeit, Dankbarkeit, Zufriedenheit und Herzlichkeit für die Selbstentfaltung spielt.

ACHTSAMKEIT

Achtsamkeit ist keine neue Erfindung. In jeder Weisheitstradition finden Sie Übungen der Stille: Meditation, Gebet, Andacht, Kontemplation, Klausur, Yoga u.v.m. Das hat etwas zu bedeuten! Stille ist ein Grundbedürfnis des Menschen. Wir sind nicht dafür geschaffen, pausenlos Erfahrungen zu sammeln. Unsere Physiologie funktioniert optimal, wenn wir nicht nur dem Schlaf genügend Zeit und Raum geben, sondern auch dem Verdauen und Einordnen unserer Erlebnisse in Momenten stiller Wachheit. Deswegen ist es eine gute Nachricht, dass heutzutage so oft von Achtsamkeit die Rede ist, als einfache, weltliche Übung der Stille.

Als Instrument ermöglicht Ihnen Achtsamkeit, sich in Ihrem Innenleben (Gedanken, Emotionen, Körperempfindungen) besser zurechtzufinden und diese intimen Räume optimal zu nutzen, während Sie die äußere Lebensrealität verarbeiten. Achtsamkeit kann helfen, mit stressigen Situationen besser umzugehen, Ängste und Depressionen zu bewältigen oder einfach ruhiger und zielstrebiger zu werden.

MORGENRITUAL

Überlegen Sie, wie Sie die Achtsamkeitsübung so in Ihre Morgenroutine integrieren können, dass sie zur Gewohnheit wird. Wenn Sie morgens z. B. duschen, sich anziehen, frühstücken, etwas für die Mittagspause einpacken und dann das Haus verlassen, könnten Sie fünf Minuten früher aufstehen und zwischen Anziehen und Frühstücken meditieren. Und ja: Fünf Minuten lohnen sich und sind besser als null Minuten, selbst wenn Sie es nicht jeden Tag schaffen.

Machen Sie es sich gemütlich (Lieblingskissen, Kuscheldecke), legen Sie Ihr Notizbuch parat und stellen Sie die Uhr (nicht das Handy! Es ist Gift für Achtsamkeit!) auf fünf bis zehn Minuten. Legen Sie eine Intention fest, die während der Übung präsent ist. Schließen Sie die Augen und folgen Sie diesem Pfad. Wenn Sie bemerken, dass Sie abgelenkt sind, beginnen Sie von vorne:

Atem > Körper > Emotion > Geist > Selbst

01. Atem
Folgen Sie dem Atem in den Körper. Begleiten Sie jedes Ein- und Ausatmen.

02. Körper
Fühlen Sie, wie Bauchdecke und Brustkorb sich heben und senken. Spüren Sie, wie der Stoff die Haut berührt, wie das Gewicht Ihres Körpers Sie in den Sessel drückt.

03. Emotion
Benennen Sie die Emotionen, die sich Ihnen zeigen.

04. Geist
Nehmen Sie Ihre Gedanken wahr und die Lücken zwischen den Gedanken. Versenken Sie sich in die Lücken.

05. Selbst
Fragen Sie sich: Wie fühlt es sich in diesem Moment an, Ich zu sein?

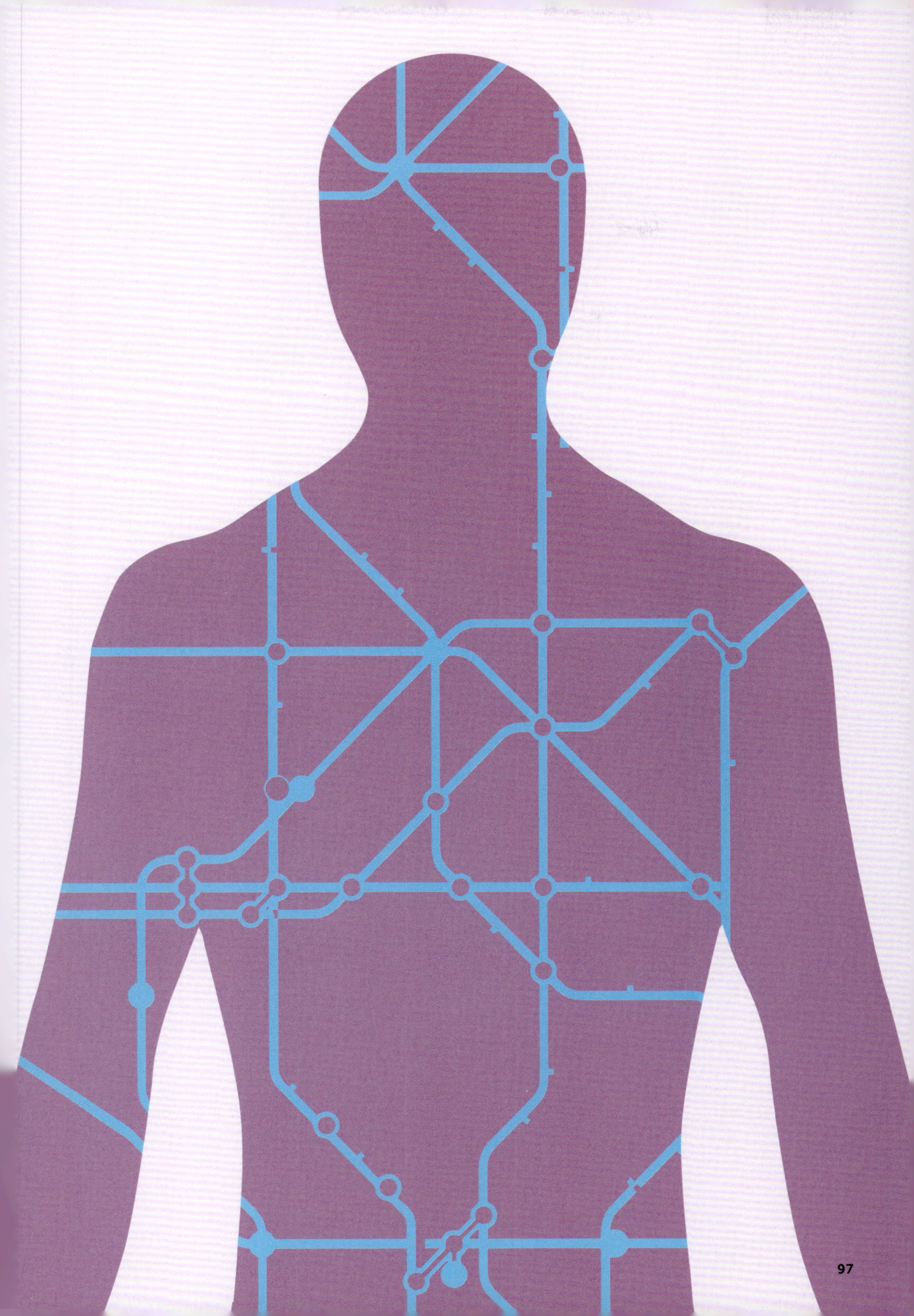

IM LAUFE DES TAGES

Oft ist schon nach wenigen Stunden Arbeitsalltag die morgendliche Achtsamkeitsübung vergessen. Da hilft es, ein paar dezente Erinnerungen in den Tagesablauf einzubauen, die dazu beitragen, achtsam zu bleiben. Von Zeit zu Zeit bewusst zu atmen wirkt bereits Wunder! Eckhart Tolle, der Verfasser von *Jetzt! Die Kraft der Gegenwart*, sagt: „Ein bewusster Atemzug – ein und aus – ist eine Meditation."

Es ist ganz einfach: Sie suchen sich drei Achtsamkeits-Auslöser, ein Geräusch, einen Gegenstand, eine Person, und jedes Mal, wenn einer der Auslöser auftaucht, nehmen Sie einen bewussten Atemzug und erinnern sich, wer Sie sind. Wenn dies zur Gewohnheit wird, werden Sie vielleicht bemerken, dass Sie diese einfache Technik auch dann benutzen, wenn Sie sich unsicher oder stark gefordert fühlen.

Bewusste Atemzüge

Bewusst atmen bedeutet, dass Sie beim Einatmen wissen, dass Sie einatmen, dass Sie fühlen, wie der Atem durch Ihren Körper strömt, und dass Sie beim Ausatmen wissen, dass Sie ausatmen, und spüren, wie der Atem den Körper verlässt.

HINDERNISSE AUF DEM WEG

Es folgen einige häufige Achtsamkeitshindernisse und Tipps, wie Sie den Weg zurück zum Meditationskissen finden:

Mir schwirrt zu viel im Kopf herum

Es ist ganz normal, dass sich in Ihrem Geist viele Gedanken tummeln, und kein Grund, gleich aufzugeben. Der Fokus liegt beim Achtsamkeitstraining darauf, dem Geist sanft beizubringen, dass er in einer gedankenfreien Bewusstheit (Stille) sicher ist. In der Regel ist das Gehirn damit beschäftigt, Sie von Gefahren fernzuhalten und dafür zu sorgen, dass Sie bei der Sache bleiben. Es dauert eine Weile, bis der Geist lernt, sich zu entspannen, langsamer wird. Bleiben Sie dran!

Ich habe keine Zeit für die Übungen

Was die meisten Leute mit dieser Ausrede eigentlich meinen ist: *Achtsamkeit ist mir*

ACHTSAMKEITS-AUSLÖSER	BEISPIELE
01. Geräusch	Handy-Klingelton/-Vibration
	Türklingel
	Vogelgesang
02. Gegenstand	Briefkasten
	Ihr Spiegelbild
	Bremslicht
03. Person	Ihr Partner
	Ihr Kind
	Ein Arbeitskollege

nicht wichtig genug, um mir Zeit dafür zu nehmen. Wenn das so ist, ist es okay, aber tun Sie nicht so, als sei es ein Zeitproblem. Natürlich haben Sie viel zu tun mit all Ihren Pflichten und Verantwortungen. Aber Sie finden ja auch Zeit für Online-Shopping, Social Media und Ihre Lieblingsserie. Wenn Sie Achtsamkeit als wichtig erachten, ist es an der Zeit, Nägel mit Köpfen zu machen und fünf Minuten dafür zu investieren.

Schuld
Es passiert leicht, Achtsamkeitsübungen von Anfang an mit dem Schuldgefühl zu verbinden, das sich einstellt, wenn Sie sie nicht machen. Erinnern Sie sich deshalb daran, dass Sie zunächst üben müssen, sich selbst zu verzeihen, und dann üben Sie Achtsamkeit. Beides ist essenziell.

Jetzt habe ich genug Gegenwärtigkeit und inneren Frieden, danke.
Klingt seltsam, aber wenn Sie eine gewisse Achtsamkeitserfahrung besitzen, kann diese Hürde auftauchen. Sie haben sich daran gewöhnt, Ihr Inneres ruhig und aufmerksam zu betrachten, aber etwas reißt Sie aus Ihrer Praxis heraus, vielleicht begleitet von dem Gedanken: *Für heute habe ich meine Stille absolviert, jetzt kann ich mit der To-do-Liste weitermachen.* Es lohnt sich, diesem Reiz zu widerstehen. Bleiben Sie ruhig sitzen, betrachten Sie, wie drängende Gefühle kommen und gehen. Fortgeschrittene Achtsamkeitsschüler haben gelernt, sich in der Ausdehnung der Stille weiter zu öffnen.

DANKBARKEIT UND GROSSMUT

Dankbarkeit ist eine Weisheitspraxis, die uns Menschen nicht leicht fällt. Obwohl es wahrscheinlich mehr wundervolle als schreckliche Dinge in Ihrem Leben gibt, räumt die interne Redaktion Ihrer *Tages-Gedanken-Schau* den Horrormeldungen mehr Sendezeit ein als den Wohlfühlgeschichten, und der DJ in Ihrem Kopf spielt „Hurt" so laut, dass die Gute-Laune-Musik untergeht. Aber keine Sorge: Aus Lektion 6 wissen Sie, dass es an Ihrem Gehirn liegt, nicht an Ihnen.

Die natürlichen neuronalen Tendenzen umzukehren ist, als würden Sie eine völlig neue Inhaltsstrategie für Ihre innere Nachrichtensendung entwickeln. Das ist nicht leicht, aber es lohnt sich! Die Forschung hat gezeigt, dass Dankbarkeit das Gehirn in erstaunlichem Maße positiv beeinflusst und stärkt, ganz zu schweigen davon, dass sie allgemein die Lebensqualität verbessert.

Dankbarkeit lenkt Ihre Aufmerksamkeit auf die Dinge, für die Sie dankbar sind, und

DANKBARKEIT WIRKT!

SIE STEIGERT	**allgemeines Wohlbefinden, Wachheit, Großzügigkeit,**
SIE STÄRKT	**soziale Kontakte, Immunsystem, Freudfähigkeit,**
SIE VERBESSERT	**Schlaf, Resilienz, geistige und körperliche Gesundheit,**
SIE LINDERT	**Stress, Depression, Ängste, Abhängigkeit**

erinnert Sie daran, diese intensiv auszukosten. Dahinter steht die Intention, positive Erfahrungen zur Kenntnis zu nehmen, mit dem Ergebnis, dass Ihr Bewusstsein sich auf die täglichen Kleinigkeiten einstellt, die es wert sind, wahrgenommen zu werden.

Vielleicht kommt es Ihnen irgendwie unecht vor, plötzlich viel dankbarer zu sein. Schließlich haben sich Ihre Wertmaßstäbe über viele Jahre hinweg und wahrscheinlich auch im Einklang mit Ihrer Persönlichkeit entwickelt. Bevor Sie daher die folgende Übung angehen, sollten Sie eine Bestandsaufnahme der Dinge machen, bei denen es Ihnen jetzt schon leichtfällt, sie wertzuschätzen. Das hilft Ihnen, sich vor Augen zu halten, dass Sie lediglich etwas, das bereits vorhanden ist, ausbauen wollen. Sie wissen, wie Dankbarkeit sich anfühlt. Ziel ist es, häufiger und umfassender dankbar zu sein, von der Klage zur Wertschätzung, vom negativen zum positiven Denken zu kommen.

Mitgefühl, Zufriedenheit, Optimismus, Hilfsbereitschaft, Kooperation

positive Grundhaltung, Beziehungen, Verbundenheit

Bluthochdruck

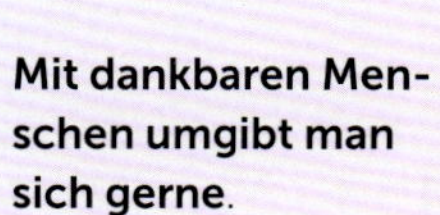

Mit dankbaren Menschen umgibt man sich gerne.

PRAKTIZIERTE DANKBARKEIT

Dankbarer zu werden, ist nicht nur gut für Sie selbst, sondern erzeugt eine Energie der Wertschätzung, die von Ihnen als Führungsperson auf das Netzwerk der Personen übergeht, die Sie direkt und indirekt beeinflussen. Mit den folgenden Übungen können Sie untersuchen, was in Ihren Teams, Ihren Beziehungen und bei Ihnen zu Hause geschieht, wenn Sie Ihre Fähigkeit, dankbar zu sein, ausbauen.

PRAKTISCHE ÜBUNG

Das Gehirn mag Beständigkeit und Neuheiten. Aus neuronaler Sicht funktionieren solche Übungen am besten, die regelmäßig stattfinden, aber jedes Mal etwas anderes oder Neues in den Fokus nehmen.

DREI DINGE, 21 TAGE LANG

Schreiben Sie jeden Tag drei Dinge auf, für die Sie dankbar sind – z. B. Erfolge auf der Arbeit, unvergessliche Momente mit Freunden, das Bewältigen einer schwierigen Situation etc. Da manche Dinge immer wieder auftauchen werden, versuchen Sie, jeden Tag drei neue Dinge aufzuschreiben und Wiederholungen zu vermeiden. Dadurch wird die Übung wirkungsvoller. TIPP: Am Ende Ihres nächsten Teamtreffens soll jeder drei Dinge aufschreiben, die Anlass zur Dankbarkeit geben!

ICH DANKE DIR

Dankbarkeit ist eine universelle menschliche Eigenschaft, die in allen Völkern und Kulturen weltweit geschätzt wird. Stellen Sie mehrmals täglich Blickkontakt her, bedanken Sie sich, und fühlen Sie die Schwingungen, die von Ihren Worten ausgehen. Betrachten Sie es als kleine Meditation.

EINEN BRIEF SCHREIBEN

Nehmen Sie sich 20 Minuten, um einen Dankesbrief an jemanden zu schreiben, der Ihr Leben oder Ihre Karriere positiv beeinflusst hat. Die positive Wirkung (bis zu drei Monate!) auf Ihre Fähigkeit, dankbar zu sein, ist bewiesen. Dabei kommt es auf den Akt des Schreibens an – ob Sie den Brief absenden oder nicht, ist irrelevant.

KLEINE GEFÄLLIGKEITEN

Es existiert eine natürliche Verbindung zwischen Dankbarkeit und Großzügigkeit. Je mehr es in Ihrem Leben gibt, das Sie von Herzen wertschätzen, desto eher sind Sie bereit, mit anderen zu teilen. Der Ausdruck von Dankbarkeit ist die gesellschaftliche Methode, Großzügigkeit als soziale Norm zu bekräftigen.

Aufs Geratewohl bekannten oder unbekannten Personen eine Freude zu bereiten, macht Spaß und tut gut. Es wirkt sich positiv auf Ihr Herz-Kreislauf-System aus und verlangsamt den Alterungsprozess. Freude ist ansteckend!

Hier ein paar Anregungen:

- Stöbern Sie im Buchladen und kaufen Sie etwas Aufbauendes. Schreiben Sie eine nette Widmung für den neuen Besitzer und legen Sie das Buch an einen Ort, wo es von Passanten gefunden werden kann.
- Kaufen Sie ein paar Taschenregenschirme extra, die Sie im Auto oder Rucksack dabeihaben. Beim nächsten Regenguss verschenken Sie einen mit einem Lächeln.
- Bereiten Sie zu Hause ein paar Leckereien zu, die Sie am nächsten Tag Ihren Arbeitskollegen mitbringen.
- Wenn Sie etwas an einem Automaten kaufen, lassen Sie ein paar Münzen im Ausgabefach liegen für die Person nach Ihnen.
- Kredenzen Sie einem Familienmitglied ein Frühstück im Bett.

ATME EIN.
DEN ATEM
KÖRPER.
LASS LOS.

SPÜRE
IN DEINEM
ATME AUS.

GLÜCKLICHE FÜHRUNG

Wir alle laufen zur Höchstform auf, wenn wir glücklich sind, und die meisten von uns wären gerne öfter glücklich. Doch Zufriedenheit kann kompliziert und schwer erreichbar sein – die meisten arbeiten irgendwie daran.

Über lange Zeit einen Zustand der Zufriedenheit aufrechtzuerhalten, ist eine anspruchsvolle Angelegenheit. Es erfordert innere Stärke, den Geist beständig in heiterer Gelassenheit zu halten, unabhängig von den Umständen. Und es braucht Mut, die angesammelten Glücksbarrieren zu erkennen und niederzureißen. Das ist tiefgehende mentale Arbeit.

Zudem gibt es einige Holzwege. Viele moderne Kulturen definieren materielle und leibliche Genüsse, Einfluss und Macht als Quelle des Glücks. Doch wer plötzlich zu Reichtum gelangt, merkt bald, dass man trotz Luxus furchtbar unglücklich sein kann. Auf dem Weg zu Glück und Zufriedenheit gibt es keine Abkürzungen.

Zufriedenheit speist sich, wie Dankbarkeit, aus dem freudigen Annehmen des Guten, dem Wahrnehmen und Begrüßen der freudvollen Dinge. Dadurch können wir den Hang des Gehirns zum Negativen überwinden und uns, statt an Sorgen festzuhalten, den schönen Seiten zuwenden.

PRAKTISCHE ÜBUNG

01. Folgen Sie Ihrem Atem, bis Sie im achtsamen Hier und Jetzt ankommen.

02. Nehmen Sie das Heben und Senken des Brustkorbs wahr. Denken Sie an etwas, das Sie in den vergangenen 24 Stunden zum Lächeln gebracht und Ihnen ein Glücksgefühl beschert hat.

03. Lassen Sie die Erinnerung leuchtender und klarer werden. Erinnern Sie sich an so viele Details wie möglich.

04. Fühlen Sie noch einmal die Freude und Wärme. Vielleicht kehrt sogar das Lächeln auf Ihre Lippen zurück.

05. Bleiben Sie bei diesem Gefühl, während es wächst und sich auf den ganzen Körper ausbreitet.

06. Atmen Sie weiter ruhig ein und aus und stellen Sie sich vor, wie das Gefühl der Freude und Wertschätzung Ihren Körper in Schwingung versetzt. Bleiben Sie fünf weitere Atemzüge in diesem Gefühl.

07. Beenden Sie die Übung, sobald Sie bereit dafür sind.

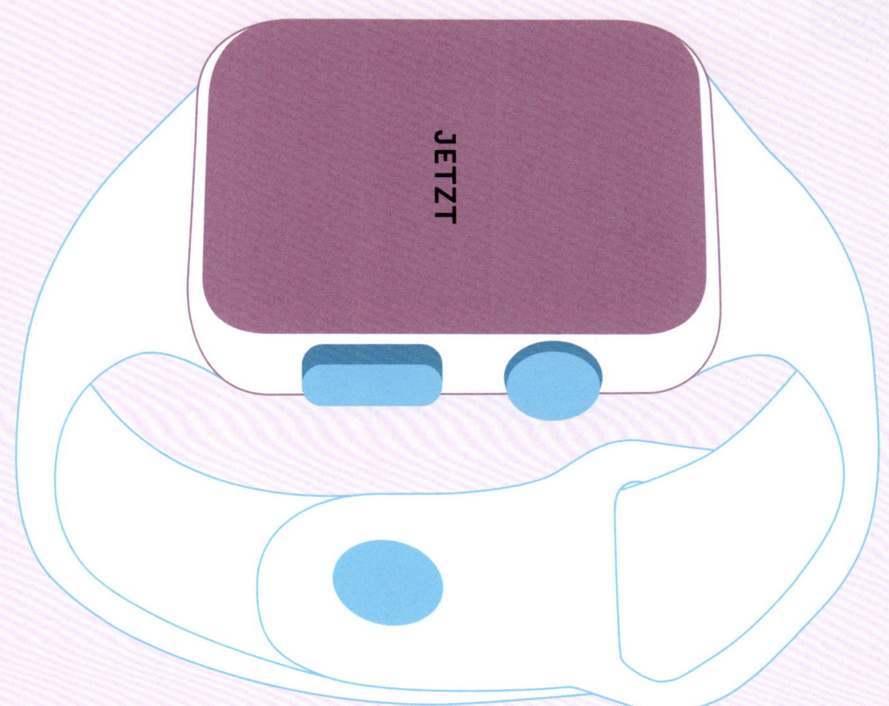

ZUFRIEDEN IM JETZT

Ihre Zufriedenheit wird zu 50 % von den Genen, zu 10 % von den Umständen und zu 40 % von der Einstellung bestimmt, die Ihr Denken, Handeln und Verhalten lenkt.

Doch der Mensch neigt von Natur aus dazu, die Auswirkung von eventuellen Gegebenheiten auf seine Perspektiven zu überschätzen. Dieses *Wenn-Dann-Denken* hält das Glück auf Abstand, statt es im Jetzt greifbar zu machen. Diese Denkweise bedeutet auch, dass wir Zufriedenheit nur kurzzeitig empfinden und nur dann, wenn wir etwas werden, bekommen oder erreichen.

Wenn-Dann-Denken klingt in etwa so:

Wenn ich .... bin, bin ich glücklich.
Wenn ich .... habe, bin ich glücklich.
Wenn ich ..... erreicht habe, bin ich glücklich.

Wie vervollständigt Ihr Gehirn diese Lücken?

01. Schreiben Sie Ihre Sätze in Ihr Notizbuch.

02. Können Sie Ihre Sätze so umformulieren, dass Ihr Glück schon jetzt in Reichweite ist?

Wenn ich Teilhaber bin, **dann** bin ich zufrieden.

Wird zu: **Ich bin zufrieden** an meinem Ziel zu arbeiten, Teilhaber dieser Firma zu werden.

Wenn Sie bemerken, dass *Wenn-Dann-Denken* sich in Ihr Leben einschleicht, machen Sie es sich zur Gewohnheit, Ihre Zufriedenheit im gegenwärtigen Moment zu finden. Denn jetzt ist immer der richtige Zeitpunkt.

GLÜCK AM ARBEITSPLATZ

Arbeitsbeziehungen sind genauso kompliziert wie wichtig. Sie können ein Quell der Zufriedenheit sein und/oder großes Leid hervorrufen. Versuchen Sie, auch in heiklen Situationen im Auge zu behalten, was wirklich wichtig ist. Das wird Ihnen helfen, Ihre Zufriedenheit zu bewahren. Bedenken Sie Folgendes:

Sie sind eine Schnapskirsche

Nicht jeder wird Sie mögen oder Ihr bester Freund werden, es wäre also Zeit- und Energieverschwendung, von allen geliebt werden zu wollen. Die Tatsache, dass Sie mit manchen auf einer Wellenlänge liegen und mit anderen nicht, sagt lediglich über Sie aus, dass Sie ein normales menschliches Wesen sind. Diese Realität zu akzeptieren, wirkt befreiend – seien Sie zufrieden damit, in Gegenwart von anderen Sie selbst zu sein.

Bleiben Sie sich treu

Es wirkt sympathisch, wenn Authentizität mit einer gewissen Verletzlichkeit gepaart ist. Wenn Sie Zeit investieren, um Ihre Arbeitskollegen kennenzulernen, sprechen Sie offen über Ihr Leben zu Hause, Ihre Hoffnungen, Träume, Sorgen und Schwächen. Das erfordert Mut und Vertrauen. Lassen Sie sich Zeit!

Klar kommunizieren

Wenn es am Arbeitsplatz Ärger mit einem Kollegen gibt oder eine Beziehung sich verschlechtert, schleichen sich negative Gedanken ein. Das Gehirn beginnt daraufhin, die Beziehung als potenzielle Gefahr zu betrachten, und das ist auch der Grund, warum die Möglichkeit, dass jemand schlecht von Ihnen denken oder Sie ausgrenzen könnte, eine derart starke Stressreaktion hervorruft.

Machen Sie sich Ihr Verhalten bewusst:

01. Nehmen Sie zur Kenntnis, dass das Verhalten anderer etwas mit Ihnen macht und dass Ihre Gedanken negativ werden – Ihr Frühwarnsystem funktioniert.

02. Fragen Sie sich: Was könnte das sonst noch bedeuten? Verhalte ich mich manchmal so? Bedenken Sie, dass wir selten alle Faktoren kennen – unsere Vermutungen sind keine Fakten.

03. Statt die Sache persönlich zu nehmen, atmen Sie, besinnen Sie sich auf Ihr bestes Selbst und betrachten Sie die Situation mit achtsamem Mitgefühl.

Networking mit *Radical Honesty*

Wenn ich Leute aus meinem Netzwerk zum ersten Mal treffe, setze ich am liebsten auf „radikale Ehrlichkeit“. Die Menschen haben das nichtssagende *Wie geht's dir und was arbeitest du?* so satt, dass man mit einer überraschend ehrlichen Aussage wie *Ich sterbe vor Hunger* viel einfacher das Eis brechen und Präsenz erzeugen kann. Und obendrein macht es mehr Spaß!

WISSENSCHAFT DES HERZENS

Das Interessanteste an Ihrem Herzen ist nicht, dass es ca. 100.000 Mal am Tag schlägt oder dass es das erste Organ ist, das sich im menschlichen Körper bildet, sondern, dass es über ein eigenes neuronales System, also ein Netz aus informationsverarbeitenden Nervenzellen verfügt; manche sprechen gar vom *Herz-Gehirn*.

Das Herz ist außerdem unser stärkstes elektromagnetisches Organ. Es sendet das allererste elektrische Signal an das Gehirn des menschlichen Fötus und steuert dessen Form und Funktion. Es kommuniziert mit dem Gehirn und liefert mehr Informationen als es erhält. Das Gehirn interpretiert die Herzsignale, um zu entscheiden, welches Gefühl vorherrscht, und reagiert darauf.

Der Rhythmus Ihres Herzschlags übermittelt den Kohärenzgrad Ihres inneren emotionalen Zustands, und dieser ist an Atemrhythmus und Blutdruck gekoppelt. Bei positiven Emotionen wie Liebe und Wertschätzung senden Sie ein stabiles, kohärentes Muster aus; Wut und Frustration hingegen produzieren zusammenhangslose Muster. Diese Frequenzen bekommen zuerst Sie zu spüren, aber dann fließen Sie in das angrenzende elektromagnetische Feld und beeinflussen die Menschen in Ihrer Umgebung. Störungen in diesem Feld (inkohärente Muster) können als Spannung wahrgenommen werden, z. B. in einem Raum, in dem gerade gestritten wurde.

Als Führungsperson sind Sie mitverantwortlich, welche Energie in einem Meeting oder bei einer Veranstaltung vorherrscht. Herzkohärenz öffnet Ihnen und anderen den Zugang zu Klarheit, Intuition und weisen Entscheidungen. Atem- und Achtsamkeitsübungen und Zufriedenheit helfen, diese Kohärenz zu fühlen und zu leben.

Durch den Wandel des Führungsstils von *Befehlen & Kontrollieren* zu *Bewusst Führen* erhalten Herzkohärenz und emotionale Intelligenz mehr Gewicht und können in die intellektuelle Analyse einfließen. Welcher der beiden rechts skizzierten Führungsstile entspricht Ihnen am ehesten?

BEFEHLEN & KONTROLLIEREN	BEWUSST FÜHREN
IQ	EQ+IQ
autoritätsbasiert	wertebasiert
begrenztes Bewusstsein	umfassendes Bewusstsein
Manipulation	Einwirken und Richtiges Handeln
emotionslos	empathisch und mitfühlend
konkurrierend	kooperativ und kollaborativ
der Beschränkungen nicht bewusst	selbst-bewusst

DAS HERZ DER FÜHRENDEN

Indem Sie Herzkohärenz entwickeln, erhalten Sie Zugang zu den tiefliegenden Potenzialen des Paradigmas des Bewussten Führens. Je mehr Sie sich aktiv um Ihr Inneres kümmern, desto konsistenter wird Ihr Verhalten und es fällt Ihnen leichter, in Ihrem Team Vertrauen und Respekt aufzubauen. Ihre Kollegen erkennen, dass Ihre Worte und Taten einer liebevollen Menschlichkeit entspringen, wodurch Sie an Einfluss gewinnen und andere effektiver motivieren, mitreißen und inspirieren können.

Vielleicht befürchten Sie, dieser sanfte Führungsstil würde Ihnen nicht die gleiche Macht verleihen wie *Befehlen & Kontrollieren*, aber er wirkt wie ein starker Katalysator.

Darüber hinaus haben die Ergebnisse dieses Modells das größte Potenzial, von Präsenz, Richtigem Handeln, Harmonie, Orientierung und Weisheit durchdrungen zu sein. All das wird vom Streben nach beruflicher Höchstleistung getragen. Das ist das Herz der Führenden, frei nach Ravi Venkatesan, dem Experten für *Heartfulness*.

PRAKTISCHE ÜBUNG

Diese auf das Herz gerichtete Übung macht Herzkohärenz für Sie erfahrbar.

01. Nehmen Sie einen tiefen, ruhigen Atemzug und lassen den Atem dann in einem gleichmäßigen, angenehmen Rhythmus fließen.
02. Legen Sie eine Handfläche oder beide auf die Mitte Ihrer Brust.
03. Stellen Sie sich vor, eine geliebte Person stünde vor Ihnen. Spüren Sie die Energie, die zwischen Ihnen fließt. Fühlen Sie Rhythmus und Frequenz dieser herzerfüllten Schwingungen.
04. Atmen Sie ein und stellen Sie sich vor, wie Ihr Atem in Ihr Herz fließt.
05. Atmen Sie aus und fühlen Sie, wie die elektromagnetische Energie des Herzens nach außen strahlt.
06. Betrachten Sie, welche Gefühle und Bilder bei jedem Atemzug im Herzen und sonst im Körper entstehen.
07. Beenden Sie die Übung mit einem Gefühl der Dankbarkeit und Wertschätzung für jene, die Sie lieben.

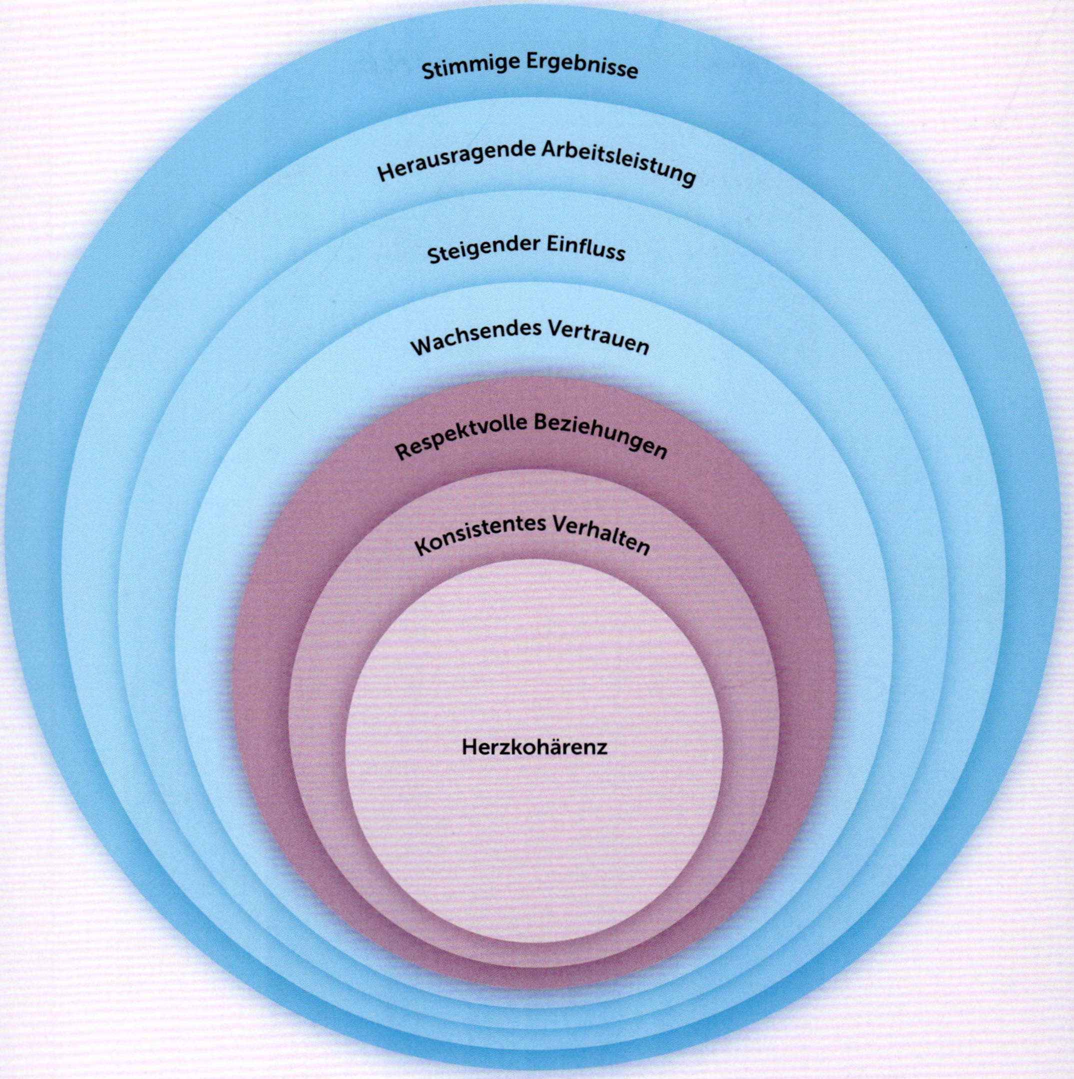

Stimmige Ergebnisse

Herausragende Arbeitsleistung

Steigender Einfluss

Wachsendes Vertrauen

Respektvolle Beziehungen

Konsistentes Verhalten

Herzkohärenz

TOOLKIT

13

Sich in der Innenwelt aus Gedanken, Emotionen und Empfindungen zurechtzufinden, ist kompliziert. Achtsamkeit gibt Orientierung. Durch einfache Übungen lernen wir zu erkennen, was unter der Oberfläche bereits vorhanden ist. Die Integration von Achtsamkeit in Ihre Morgenroutine und das kurze Gewahrwerden der eigenen Präsenz, regelmäßig über den Tag verteilt, kann Ihnen helfen, Ihre Mitte zu finden und Herausforderungen mit klarem Kopf anzugehen.

14

Das Praktizieren von Dankbarkeit versetzt uns in die Lage, von Furchtsamkeit zu Resilienz zu gelangen. Egal, was das Leben für uns bereithält – es gibt immer etwas, für das wir dankbar sein können. Eine der einfachsten Methoden, mehr Dankbarkeit in unser Leben zu bringen, ist, uns häufiger und inniger zu bedanken. Wofür sind Sie heute dankbar?

15

Das Glück ist häufig gar nicht weit. Manchmal müssen wir lediglich unsere Aufmerksamkeit verlagern, um uns einige der schönen Momente vor Augen zu führen, die uns vielleicht an diesem Tag begegnet sind. Glück lässt sich nicht aufschieben. Sorgen Sie also dafür, dass Sie zwischen Ihrem Glück und Ihrem derzeitigen Erleben keine Hindernisse auftürmen. All ihre glücklichsten Momente haben direkt im *Jetzt* stattgefunden.

16

Das Herz ermöglicht es uns, verbunden zu bleiben und mit uns selbst und den Menschen um uns mitzufühlen. Es ermöglicht uns außerdem zu führen, wenn kooperatives, kollaboratives und bewusstes Arbeiten ausdrücklich im Fokus steht. Indem wir unser Herz voll und ganz in unsere Handlungen einfließen lassen, können wir die Verbindung zur unserem Menschsein vertiefen und zu einer noch einflussreicheren, inspirierenderen Führungsperson heranwachsen.

ZUR VERTIEFUNG

LESEN

100 Mindfulness Meditations, The Ultimate Collection of Inspiring Daily Practices
Neil Seligman (Conscious House, 2016)

Dare to Lead – Führung wagen. Mutig arbeiten. Überzeugend kommunizieren. Mit ganzem Herzen dabei sein.
Brené Brown (Redline, 2020)

Hardwiring Happiness: How to reshape your brain and your life
Rick Hanson (Rider, 2014)

Freude auf Abruf. Von der Kunst, das Glück in sich zu entdecken
Chade-Meng Tan (books4success, 2018)

DOWNLOADEN

Die App **Chill – Mindfulness Reminders** schickt Ihnen in unregelmäßigen Zeitabständen (englische) Zitate und Anregungen zur Achtsamkeit.

Buddhify ist eine auffallend schön gestaltete, sehr nutzerfreundliche englischsprachige Meditations-App für jeden Tag.

ERKUNDEN

Das **HeartMath Institute** erforscht seit 1991 die „Wissenschaft des Herzens" und entwickelt Techniken zum Stressabbau, um mehr Frieden, Freude und Glück in die Welt zu bringen (in englischer Sprache). www.heartmath.org

Das ***Heartfulness Magazine*** finden Sie online auf www.heartfulnessmagazine.com – ich empfehle besonders die Artikelserie „The Heartful Leader" von Ravi Venkatesan (in englischer Sprache).

SPIELEN

Happify™ bietet Techniken und Programme, die Ihnen helfen, Ihre Gefühle und Gedanken zu kontrollieren. Die Webseite bietet zahlreiche inspirierende Texte: www.happify.com

SELBSTWERDUNG

LEKTIONEN

Planbar sind Momente der Selbstwerdung meist nicht, sie stellen sich eher unerwartet ein.

Seitdem Sie als Kind das erste Mal in den Spiegel geschaut und sich gefragt haben, wer dieses zappelnde, lächelnde, neugierige Wesen ist, das Ihnen entgegenblickt, befinden Sie sich auf dem Weg der Selbstwerdung. Eines Tages leuchtete eine bedeutsame Wahrheit in Ihnen auf, und Sie wussten: Das Gesicht im Spiegel war Ihres.

In diesem Augenblick erkannten Sie, dass Sie Identität, Stärke und Autonomie besaßen. Später entdeckten Sie Ihre Wünsche, Ziele, Vorlieben, Abneigungen, Hoffnungen und Träume. Der Mensch ist ein bemerkenswertes Wesen, das sich Schicht für Schicht offenbart.

Planbar sind Momente der Selbstwerdung meist nicht, sie stellen sich eher unerwartet ein. Russ Hudson, eine Koryphäe im Bereich Enneagramm (ein Modell zur Beschreibung verschiedener Persönlichkeitstypen), sagt: „Du weißt nie, wann das Universum dir zuzwinkert!" Statt sich also mit der Selbstwerdung abzumühen, ist der geduldige Schüler des Lebens und Führens damit zufrieden, den Alltag gut zu bewältigen. Er ist bereit, sein Bestes zu geben und zu lernen, und besitzt die Fähigkeit, sich über Erfolge zu freuen, aber auch Niederlagen zu verkraften. Auf dieser Grundlage kommen die bedeutenden Aha-Momente und tiefen Erkenntnisse wie von selbst.

So sehr wir auch nach Selbstwerdung streben, fürchten wir sie auch, denn sie zwingt uns, unsere fehlende Verbundenheit zu erkennen und die Verantwortung dafür zu übernehmen. Die folgenden Lektionen helfen, jene Fähigkeiten aufzubauen bzw. zu stärken, die Sie Ihrem Ziel näherbringen.

FÜHRUNGSQUALITÄTEN

Wie oft befanden Sie sich schon in einem wichtigen Gespräch mit einem Freund oder Kollegen und hatten das Gefühl, dass er, statt wirklich zuzuhören, im Geiste bereits seine nächste Phrase formulierte? Noch bevor Sie Ihr Argument ganz ausgeführt hatten, klinkte er sich mit seinen Gedanken ein, oft ohne Ihren Einwand wirklich zur Kenntnis genommen oder verstanden zu haben. Vielleicht ertappen Sie sich manchmal selbst dabei, sich so zu verhalten?

Diese weit verbreitete Erfahrung zeigt, dass effektives Zuhören zu den größten Herausforderungen der heutigen Zeit zählt. Ohne ernsthaftes Zuhören verpassen wir relevante Informationen und die Möglichkeit, Dinge in einem größeren Zusammenhang zu sehen. Das schränkt unsere Leistungsfähigkeit ein.

Die Kunst des bewussten Zuhörens

Bewusst zuzuhören bedeutet, präsent, wach und offen zu sein. Zuhören erschafft einen Raum, der nicht mit Inhalt (Ihre Gedanken, Sorgen und Prognosen) gefüllt ist, sondern mit der Energie des Einladens, der Unvoreingenommenheit und freundlichen Neugier. Dadurch gestehen wir der anderen Person zu, auf jeden Fall gesehen, gehört, anerkannt und verstanden zu werden. Wenn uns diese Qualität des Zuhörens angeboten wird, fühlt sich das befreiend und ermächtigend an. Leider wird uns dann auch bewusst, wie selten wir mit solcher Aufmerksamkeit behandelt werden.

Wenn Sie sich dafür entscheiden, bewusstes Zuhören zu üben, können Ihnen die folgenden Fragen helfen, Ihre Fortschritte zu messen. Wenn bewusstes Zuhören vollkommen neu für Sie ist, kann es eine Weile dauern, bis Sie sich daran gewöhnt haben. Vertrauen Sie dem Prozess und beobachten Sie, was passiert!

01. Wie beeinflusst bewusstes Zuhören die Qualität der Informationen, die Sie erhalten?
02. Welchen Einfluss hat dieses veränderte Zuhören darauf, wie verbunden Sie sich mit anderen fühlen?
03. Was fällt Ihnen in Bezug auf Ihre Reaktionsfähigkeit auf, wenn Sie bewusst zugehört haben?

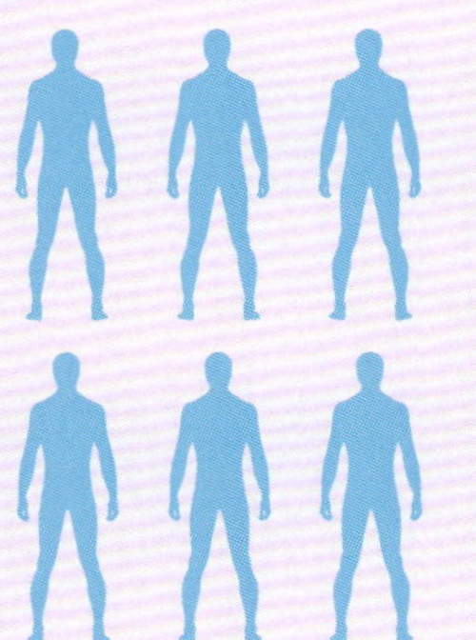

DAS BEWUSST GEFÜHRTE UNTERNEHMEN

Ein Unternehmen, das bewusst geführt wird, spiegelt auch in zunehmendem Maße bewusste Werte wider. Dazu ist es nötig, die unten stehenden Merkmale zu beachten und die oft schwierigen Gespräche zu führen, die aufkommen, wenn diese Gedanken auf die Realitäten des Marktes treffen.

NIEMANDEM SCHADEN

Grundsätzlich handeln bewusst geführte Unternehmen in der ausdrücklichen Absicht, Systeme, Prozesse, Produkte und Dienstleistungen anzustreben, die weder Menschen noch die Umwelt schädigen.

DREI-SÄULEN-MODELL

Das Drei-Säulen-Modell der Nachhaltigkeit (engl. *triple bottom line*) beziffert den Mehrwert, den ein Unternehmen ökonomisch, ökologisch und sozial schafft.

01. SOZIALE NACHHALTIGKEIT

Das Unternehmen ist bestrebt, das Leben der Mitarbeiter, von Hersteller bis Zulieferer, der Stakeholder, der Gemeinden vor Ort und der ganzen Menschheit positiv zu beeinflussen. In der Praxis bedeutet das z. B. Maßnahmen für mehr Wohlbefinden am Arbeitsplatz, attraktive Vorteile für Arbeitnehmer, die Verwendung von Fair-Trade-Produkten oder die Förderung sozialer Projekte in den Gemeinden der Hersteller oder Zulieferer.

02. ÖKOLOGISCHE NACHHALTIGKEIT

Negative Auswirkungen auf die Umwelt sollen minimiert und durch Ausgleichsmaßnahmen kompensiert werden. Es geht um Recycling, die Nutzung erneuerbarer Energien und die Wahl von Zulieferern, die diesem Anspruch ebenfalls gerecht werden. Auch die Stakeholder werden zur Nachhaltigkeit angehalten.

03. ÖKONOMISCHE NACHHALTIGKEIT

Das Gewinnstreben wird gegen den Nutzen für die Menschen und den Planeten abgewogen. Bei Entscheidungen finden alle drei Aspekte Beachtung.

EHRLICHES FEEDBACK

Sinn und Zweck des Feedbacks ist es, einer Person eine für sie nützliche Bestätigung, Überlegung oder Meinung rückzumelden, sodass diese entscheiden kann, ob sie erneut aktiv werden oder ihr Verhalten ändern will. Gleichzeitig ist es eine Gelegenheit, bislang unbekannte Informationen zu erhalten. Der Fokus liegt einerseits darauf, Ihr Feedback klar und empathisch zu formulieren, und andererseits, weitergehende Informationen zu sammeln, die Ihnen helfen, zielgerichtet und offen in die Diskussion hineinzugehen.

In der Praxis könnte das wie folgt aussehen:

Ehrlich sein

Übernehmen Sie Verantwortung für Ihren Standpunkt. Stellen Sie klar, dass Sie Ihre eigene Meinung zum Ausdruck bringen. Verstecken Sie sich nicht hinter den Ansichten von Personen, die nicht im Raum sind.

Konsistent sein

Legen Sie an alle den gleichen Maßstab an, auch an sich selbst. Fragen Sie sich: Welches konstruktive Feedback würde ich mir geben, wenn ich die verantwortliche Person wäre?

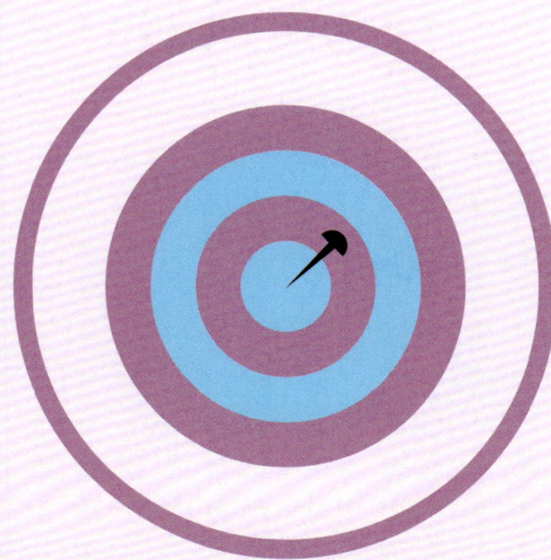

Genau sein
Steigen Sie mit den Fakten ein und fragen Sie, ob diese allgemeiner Konsens sind. Hören Sie zu. Danach kommen Ihre Überlegungen, Meinungen und Forderungen.

Nach der Meinung fragen
„Habe ich relevante Informationen übersehen? Wie sehen Sie die Situation?" Hören Sie aufmerksam zu.

Mitfühlend sein
Mitgefühl, Verbundenheit und Menschlichkeit helfen, Ihr Feedback-Gespräch positiv zu gestalten, und führen dazu, dass die von Ihnen angesprochenen Dinge so verstanden werden, wie sie gemeint sind.

Übereinkunft erzielen
Verständigen Sie sich darüber, was sich – oft auf beiden Seiten – ändern muss. Ist kein Kompromiss in Sicht, einigen Sie sich darauf, welche Hindernisse der Einigung im Wege stehen und was der nächste Schritt sein wird.

HÖCHSTLEISTUNG

Haben Sie schon einmal eine Deadline verpasst oder Ihr Projekt zu spät abgeschickt, weil Sie Layout und Formulierungen immer und immer wieder überarbeitet haben, obwohl es eigentlich längst fertig war? Der Grund für dieses Verhalten, ein perfektionistischer Anspruch, betrifft zahllose Berufstätige und Führungskräfte.

Unrealistische Erwartungen hinsichtlich der Quantität bzw. Qualität Ihres Outputs und das menschliche Streben nach Spitzenleistung und Status können ungesunde Formen annehmen. Perfektionismus kann leicht von der Arbeit auf das Leben zu Hause mit der Familie übergreifen.

Abgesehen davon, dass man sich entspannter und leistungsfähiger fühlt, gibt es weitere gute Gründe, Ihr Streben nach Höchstleistungen abzuschwächen. Als Charaktereigenschaft kann Perfektionismus sich negativ auf die Leistung auswirken, zu Unzufriedenheit beitragen und Ängste und Depressionen hervorrufen. Optimalismus hingegen, eine bewusste und mitfühlende Variante des Perfektionismus, ermöglicht es Ihnen, nach wie vor Spitzenleistungen zu erbringen, aber auf dem Weg dorthin fühlen Sie (und die Menschen in Ihrem Umfeld) sich besser. Die folgende Gegenüberstellung von Perfektionist und Optimalist orientiert sich am Werk von Prof. Dr. Tal Ben-Shahar.

PRAKTISCHE ÜBUNG

Wenn der Perfektionismus Sie im Griff hat, hilft Ihnen diese Übung, sich zu beruhigen, die Perspektive zu wechseln und das Bedürfnis nach absoluter Kontrolle loszulassen.

01. Versenken Sie sich in einen Zustand der Achtsamkeit, indem Sie spüren, wie das Gewicht Ihres Körpers Sie in Ihren Stuhl drückt. Erlauben Sie den Muskeln, die Sie am deutlichsten fühlen, sich zu entspannen, loszulassen.

02. Lenken Sie Ihre Aufmerksamkeit auf die Augen. Spüren Sie ihr Gewicht, ihre Form, ihre Bewegungen. Erlauben Sie jetzt Ihren Augen loszulassen. Beobachten Sie, was geschieht. Atmen. Loslassen.

03. Richten Sie Ihre Aufmerksamkeit auf den Nacken und die Schultern. Erlauben Sie den Muskeln in diesem Bereich loszulassen. Atmen.

04. Lenken Sie die Aufmerksamkeit auf Ihren Geist. Gestatten Sie Ihrem fühlenden Bewusstsein, die Wahrnehmung des Geistes zu reduzieren. Versucht er, Dinge außerhalb Ihres Einflussbereichs zu kontrollieren? Bitten Sie den Geist, seinen Griff zu lockern. Lassen Sie einen Moment lang los. Werden Sie weich.

05. Atmen Sie weiter, bis Sie spüren, dass die Übung abgeschlossen ist.

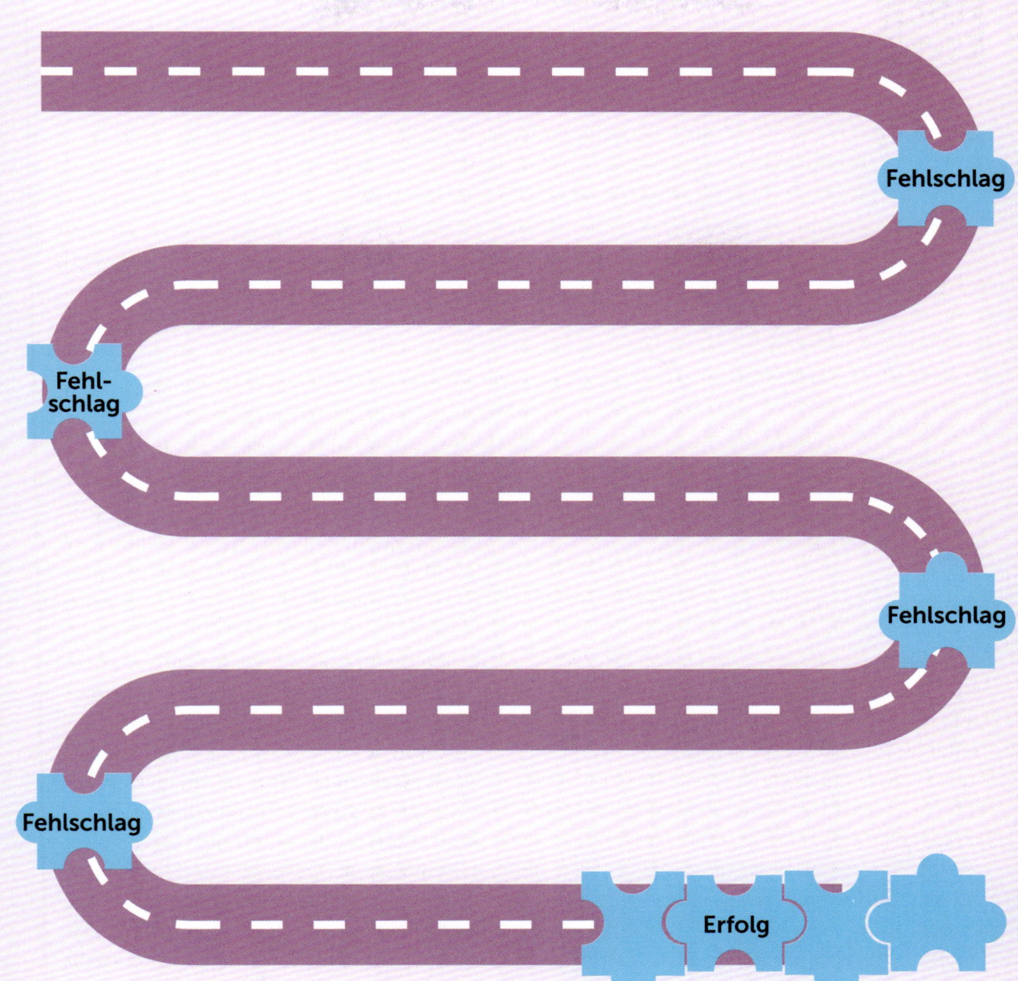

DER PERFEKTIONIST	DER OPTIMALIST
Auf geradem Weg zum Erfolg	Auf Umwegen zum Erfolg
Fehler sind fatal	Fehlschläge sind wertvolles Feedback
Ergebnisfokussiert	Das Ergebnis und der Weg im Fokus
Defensiv, kritisch, hart, unflexibel	Einladend, lobend, dynamisch
Selten mit einer Leistung zufrieden	Mitfühlend und versöhnlich
Kann keine Fehler hinnehmen	Genießt eigene Erfolge und die der anderen
Angespannte, nervöse Grundhaltung	Realistisches Fehlermanagement
	Aufmerksame und bewusste Haltung

VERLETZLICHKEIT

Es gibt keine Spitzenleistung ohne Verletzlichkeit. Das weiß jeder, der sich als Führungsperson einbringt. Die Möglichkeit des Scheiterns gehört zur menschlichen Grundausstattung, Fehler sind Bestandteil unserer Entwicklungs- und Wachstumsprozesse. In einer sich rasch wandelnden Welt verlangen viele Funktionen, Vorhersagen für eine ungewisse Zukunft zu treffen. Diese riskante Aufgabe erhöht die Fehlerwahrscheinlichkeit. In jedem zielgerichteten Leben treten Umstände auf, die es erfordern, die eigene Verletzlichkeit anzunehmen und sogar zu begrüßen und wertzuschätzen.

Indem Sie Ihre Verletzlichkeit akzeptieren, erkennen Sie die unbequeme Wahrheit an, dass Sie Ihren Körper und Ihren Geist als unzureichendes Hilfsmittel benötigen, um Ihre Werte, Absichten, Hoffnungen und Träume aus dem formlosen Ideenreich in konkrete Worte und Taten zu übersetzen, die dann in einer komplexen Welt zu bestehen haben.

Doch trotz eifrigster Bemühungen scheitern wir manchmal an der Realität. Diese Fehlschläge können Menschen in tiefes Leid stürzen und dazu verleiten, alten, negativen Glaubenssätzen anzuhängen:

01. Ich bin allein.
02. Mit mir stimmt etwas nicht.
03. Ich bin nicht genug.
04. Ich bin es nicht wert, geliebt zu werden.
05. Alles ist sinnlos.

Kommt Ihnen das bekannt vor?
Hat Ihre Persönlichkeit einen Favoriten?

Als Nächstes testen Sie, wie gut Sie in Selbstführung sind. So verlockend und kräftezehrend diese negativen Glaubenssätze auch sein mögen – sie sind niemals wahr. Bleiben Sie präsent, schauen Sie sich um, bitten Sie um Hilfe. Fragen Sie sich: Wie würde es sich anfühlen, mutig und selbstmitfühlend zu sein und nach Verbundenheit zu streben?

Dass das Scheitern und Leiden zur menschlichen Existenz dazugehört, hat einen Grund. Dank dieser Erfahrungen können wir wachsen, unseren Kurs korrigieren und herausfinden, wer wir sein können. Führungsqualität besitzt nicht, wer die glänzendste Rüstung zur Schau trägt, sondern wer offen zu seiner Verletzlichkeit und Unvollkommenheit steht und damit echten Mut und wirkliche Stärke zeigt. Das Anerkennen Ihrer Verletzlichkeit macht Sie nicht schwach, sondern beweist, dass Sie jemand sind, mit dem sich andere identifizieren können. Sie ermutigen andere, es Ihnen gleichzutun. Ihre Verletzlichkeit gestattet anderen, ihre eigenen wunden Punkte anzunehmen, ihre Narben zu zeigen und ihren Schmerz offenzulegen. Diese Wahrhaftigkeit kann sehr befreiend sein, sie kann heilen und tiefgreifend verändern.

DIE ÜBUNG

Das Entwickeln von Führungsqualität erfordert Mut, Verbundenheit und Selbstmitgefühl. Die nachfolgende Übung eröffnet Ihnen die Möglichkeit, Ihre Verletzlichkeit zu fühlen, Anerkennung zu erfahren und Beziehungen zu vertiefen, indem Sie von Menschen, denen Sie vertrauen, Feedback erhalten.

Bitten Sie Menschen aus verschiedenen Bereichen Ihres Lebens, deren Meinung Sie wertschätzen, die folgenden Fragen über Sie kurz zu beantworten:

01. Beschreibe mich mit drei Worten.
02. Was schätzt du am meisten an mir?
03. Welchen Rat würdest du mir geben, um mir bei meiner Entwicklung zu helfen?
04. Welcher Aspekt unserer Verbindung ist dir am wichtigsten?

Denken Sie über die Antworten Ihrer Vertrauten nach und schreiben Sie auf, was Sie daraus gelernt haben. Welche drei Aussagen nehmen Sie aus dieser Übung mit?

AUFMERK
ZUHÖREN
WICHTIG
FÜHRUNGS
INSTRU

SAMES
IST DAS
STE
-
MENT.

KREATIVITÄT ALS STANDARD

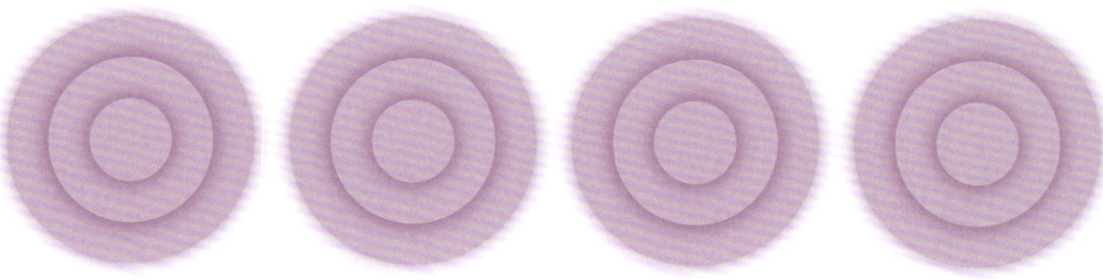

Im Gegensatz zu der verbreiteten Ansicht, Kreativität sei nur einem kleinen Kreis aus herausragenden Künstlern und erleuchteten Seelen vorbehalten, gehört sie zur Standardausrüstung eines jeden Menschen. Sollte Ihnen also Ihre Kreativität in der Schule abhandengekommen sein, möchte ich Sie einladen, sich dieser fantastischen Ressource zu entsinnen und sie wieder in Besitz zu nehmen. Kreativität ist das nach Entfaltung Strebende in allen Dingen, der Boden, aus dem Neues sprießt, ein fruchtbarer Ort der Inspiration. Die Leonardo da Vincis und Lady Gagas dieser Welt sind nicht kreativer als Sie, aber sie geben sich ihrem Kreativitätsbereich vollkommen hin und stehen bereit, die Früchte ihrer Ideen zu ernten. Kreativität ist keine göttliche Gabe, sondern eine Entscheidung – und eine Fähigkeit, die gefördert werden kann.

Kreativität und Achtsamkeit sind verwandt, sie entspringen dem gleichen Bewusstseinsraum. Dieser wird durch das Unendliche oder Ewige charakterisiert. In der Meditation bezeichnet man ihn manchmal als den *unendlichen Nachthimmel*. In diesem Raum wohnen die Stille und der kreative Funke. Und vergessen Sie nicht, dass auch das Hervorbringen neuer Ideen und Problemlösungen kreative Fähigkeiten sind.

Kreativ führen

In einer Welt des immer eiligeren technischen Fortschritts sind Kreativität und das Führen von flexiblen, zukunftsorientierten Unternehmen von hohem Wert. Laut einer IBM-Umfrage unter 1.500 Geschäftsführern weltweit steht Kreativität an der Spitze der wünschenswerten Führungsqualitäten.

Kreative Führungspersonen – ob Familienoberhaupt oder Konzernchefin – sind einfühlsam und fantasievoll. Sie wissen für ihre Kreativität und die ihrer Teams zu sorgen. Indem sie Selbstbewusstheit, Verletzlichkeit und Demut zeigen, erzeugen sie eine positive Grundstimmung, in der andere bereit

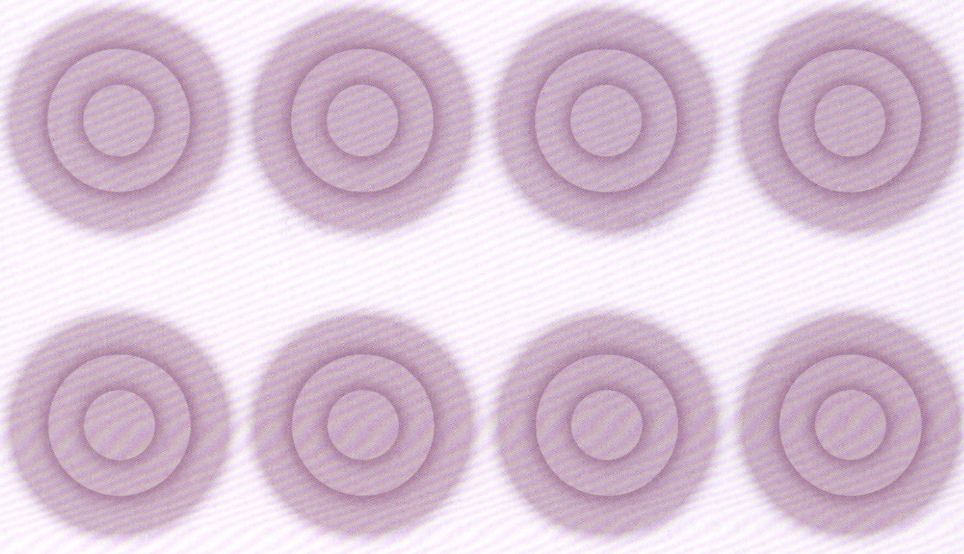

sind, Risiken auf sich zu nehmen, aus denen kreative Lösungen hervorgehen. Das führt zu erhöhter Produktivität und mehr Innovation. Kreativ Führende pflegen außerdem einen leidenschaftlichen und visionären Kommunikationsstil, binden andere in ihre Projekte ein und lassen sie am Erreichen der Teamziele teilhaben. Das fördert die Moral und das Wohlwollen innerhalb der Gruppe.

Denken Sie nun über Folgendes nach:

01. Wie kreativ sind Sie im Rahmen Ihrer Arbeitsstelle?
02. Wie sehr achten Sie darauf, die Kreativität der Leute um Sie herum zu fördern?
03. Wie gut sind Sie darin, Interaktionen innovativ zu optimieren?

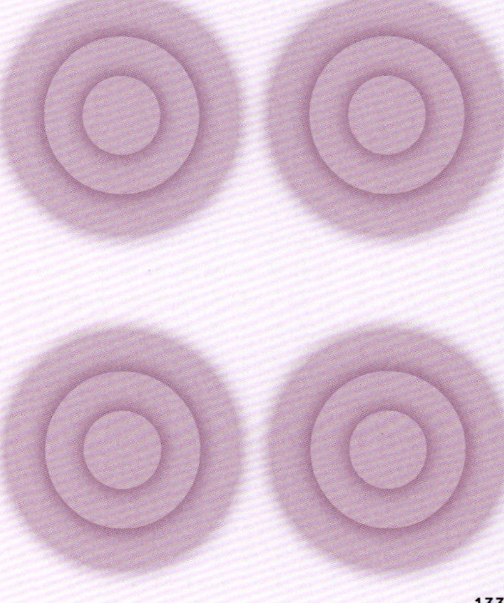

+ DIE ÜBUNG

Stellen Sie die Uhr auf drei Minuten. Verwandeln Sie so viele Kreise wie möglich in unterschiedliche erkennbare Gegenstände. Es geht um Quantität, nicht Qualität. Los!

KREATIVITÄT KULTIVIEREN

Glücklicherweise gibt es einige sehr praktische, wissenschaftlich erprobte Methoden, mit denen Sie Ihre eigene Kreativität oder die Ihres Teams steigern können. Manche der folgenden Anregungen sind für Sie persönlich gedacht, andere eignen sich, um kreative Prozesse in Gruppen anzustoßen.

Tagträumen
Mit dem Aufkommen von Smartphones und dem Verschwinden der Langeweile finden Tagträume seltener statt – schlechte Neuigkeiten für Kreativität! Das menschliche Gehirn hat zwei Aufmerksamkeitsmodi. Im aktiven Modus wählen wir Informationen gezielt aus und konzentrieren uns auf eine Aktivität, während wir uns beim Tagträumen im passiven Modus befinden. Heureka-Momente kommen im passiven Modus häufiger vor. Wenn Sie also bei einem bestimmten Problem feststecken, sollten Sie aus dem Fenster schauen und Ihre Gedanken schweifen lassen.

Überschlafen
In ihrer 1993 durchgeführten Traumstudie bat Deirdre Barrett 76 Collegestudenten zwischen 19 und 24 Jahren, ihre Probleme zu überschlafen und sich beim Einschlafen auf einen bestimmten Aspekt zu konzentrieren. Etwa die Hälfte der Gruppe hatte Träume, in denen ihr Problem vorkam, und mehr als ein Viertel träumte von Lösungen. Dort, wo Lösungen geträumt wurden, stieg zudem die persönliche Zufriedenheit des Probanten.

Kreativer Überschuss
Das Online-Portal *Upworthy* ermutigt seine Autoren, sich je 25 verschiedene Überschriften für ihre Artikel auszudenken, bevor sie daraus den besten auswählen. Fazit: Möglicherweise haben Sie schon etwas Gutes, aber das Beste kommt erst noch!

Kreative Meetings
Meetings sollten so verlaufen, dass jeder Teilnehmer etwas Nützliches mitnehmen kann – Anerkennung, Beziehungsaufbau, Informationsaustausch, Präzisierung der Ziele/Prioritäten oder eine Chance, über mögliche Verbesserungen nachzudenken. Darüber hinaus können Sie neue Meeting-Formate erproben oder erfinden.

Achtsames Meeting
Statt des üblichen Smalltalks, beginnen Sie das Meeting mit 60 Sekunden Schweigen, das Sie z. B. mit folgenden Worten einleiten: *„Heute probieren wir etwas Neues aus. Ich stelle diesen Wecker auf 60 Sekunden und lade Sie ein, so lange still zu sein und sich auf Ihre Intention für das Meeting zu konzentrieren."*

Brainstorming-Kritzeleien
Für ein kreatives Brainstorming brauchen Sie Papier und Farbstifte. Die Teilnehmer werden aufgefordert, nebenbei zu kritzeln.

Wochenziele
Bei diesem wöchentlichen Meeting-Format trägt das gesamte Team auf einmal seine persönlichen Wochenziele in eine gemeinsame Tabelle ein, damit für alle sichtbar und nachvollziehbar ist, wer woran arbeitet.

Erfolgsbilanz
Es findet ein regelmäßiges Meeting statt, um die kleinen und großen Erfolge Ihres Teams zu würdigen. Die Teilnehmer können eine persönliche Leistung reflektieren oder andere für deren Beitrag loben. Das fördert langfristig die Zufriedenheit und eine produktive Firmenkultur.

Selbst denken
Ein einstündiges Meeting-Format für zwei Personen, die einander regelmäßig um Unterstützung bitten:

01. Jeder berichtet 10 Minuten von Updates und neuen Errungenschaften.
02. Je 20 Minuten lang werden die aktuellen Herausforderungen besprochen.

Statt sich gegenseitig Lösungs- und Hilfsangebote vorzuschlagen, sollen die beiden einander empathisch zuhören und Fragen stellen, um den anderen dabei zu unterstützen, seine Probleme selbst zu lösen.

EINKLANG

EINKLANG IST DER NEUE ERFOLG

In der erste Zeile dieses Buches steht, Bewusstes Führen weise den Weg aus der Angst. Bewusstes Führen weist aber auch den Weg *hin zum* Einklang.

Einklang bedeutet: Wer Sie sind (vorrangig) harmoniert mit Ihrem Tun (nachgeordnet). Diese innere Harmonie über den Erfolg zu stellen bedeutet, sich an jeder Wegkreuzung zu fragen, welcher Pfad Sie Ihrem wahren Wesen näherbringt. Dass Sie auf dem rechten Weg sind, merken Sie daran, dass sie glücklich und zufrieden sind und sich lebendig fühlen.

Die schönste Belohnung dafür, dass wir das Streben nach innerer Übereinstimmung über das Erfolgsstreben setzen, ist, dass dadurch unser Hang, uns mit anderen zu vergleichen, ins Leere läuft. Es gibt immer jemanden, der mehr (und weniger) Geld, Ruhm oder Macht hat. Aber Einklang bietet mehr: Sinnhaftigkeit und inneren Frieden. Er ist leiser als der Erfolg. Sobald Sie bei ihm angekommen sind, sind Sie nicht mehr darauf angewiesen, dass andere Sie für etwas loben. Sie fühlen, wenn Sie etwas gut gemacht haben, ruhen in sich selbst und sind voller Selbstachtung. Diese Harmonie steht auch in Verbindung zur Energie der Fülle. Es ist fast so, als gefiele es dem Universum so gut, wie Sie Ihr ureigenes Lied singen, dass es einstimmt.

Bewusste Führungspersonen streben diese harmonische Ausrichtung nicht nur für sich selbst an, sondern auch für die Menschen ihrer Umgebung. Dies kann durch die Führung der Team-Mitglieder, stimmige Lösungen für Kunden oder den fantasievollen Umgang mit ihren Kindern geschehen.

Wenn Ihre innere Harmonie noch in weiter Ferne zu liegen scheint, beginnen Sie sachte mit der Frage: *Was will das Leben durch mich erreichen?* Denken Sie einige Minuten darüber nach, dann schreiben Sie Ihre Gefühle, Bilder und Gedanken dazu auf.

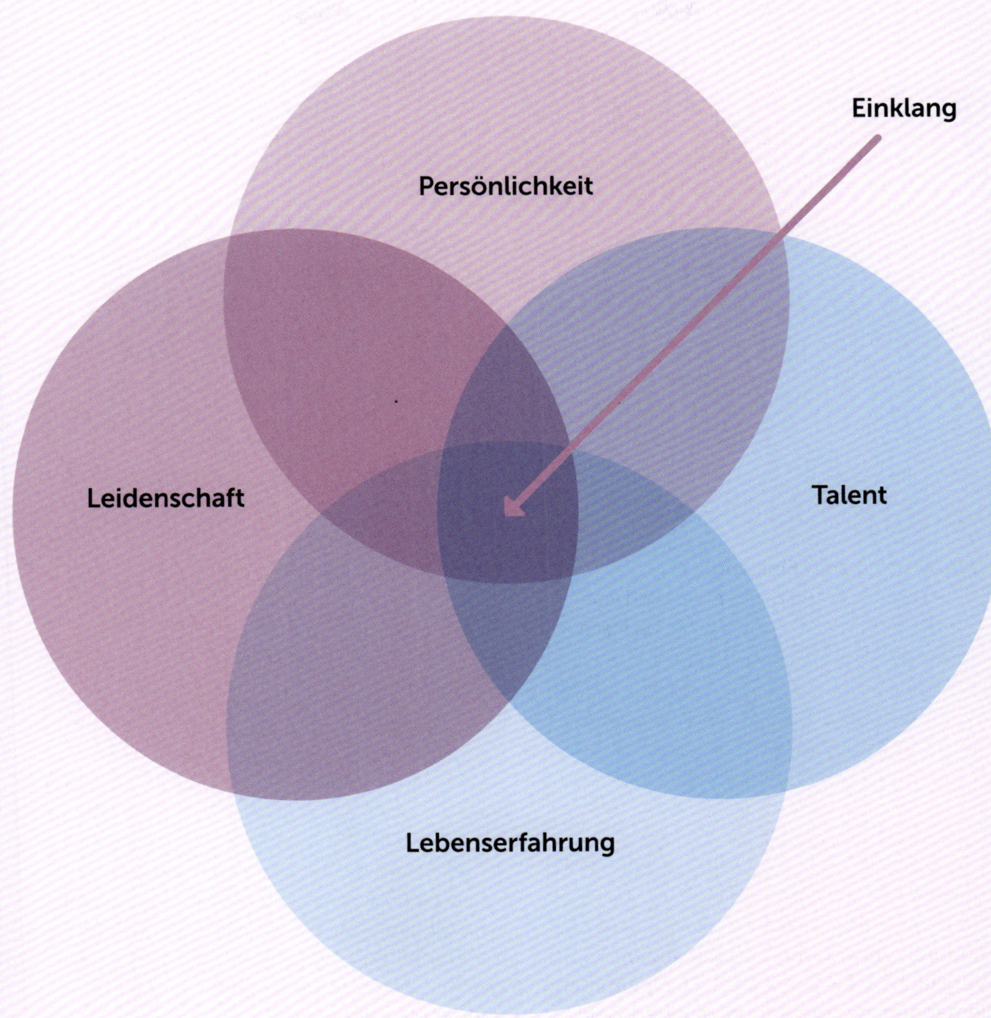
Einklang
Persönlichkeit
Leidenschaft
Talent
Lebenserfahrung

DAS WICHTIGSTE

Das Wichtigste ist, sich an das Wichtigste zu erinnern, sagt man. Klingt trivial, beschreibt aber einen Prozess. Sie müssen ...

01. ... wissen, was diese wichtige Sache ist.
02. ... unbeirrt vom Lärm des modernen Lebens dieses Wissen bewahren.
03. ... Übungen machen wie jene in diesem Buch, die Sie zum Wichtigsten zurückbringen (falls Sie es vergessen).

Was ist also für Sie in diesem Moment das Wichtigste?

Und in Ihrem Leben?

Erinnern Sie sich? Diese Aufgaben haben Sie bereits erledigt; vergegenwärtigen Sie sich Ihre Vision und Ihre Werte. Hat sich etwas verändert, seitdem Sie in den vorigen Lektionen daran gearbeitet haben? Haben sie den Realitätstest bestanden, den Herausforderungen standgehalten? Nehmen Sie sich einen Moment, um sie noch einmal zu prüfen. Möchten Sie etwas ändern oder anpassen?

Mit diesen Gedanken im Hinterkopf, fragen Sie sich: *Was ist meine Bestimmung?*

Schreiben Sie die Antwort in einem Begriff oder Satz auf. Sprechen Sie sie laut aus – wie fühlt sich das an?

Meine Bestimmung ist: ....

Machen Sie sich keine Sorgen, wenn es sich noch unvollständig anfühlt. Diese Übung bildet einen Prozess ab, und Ihre Bestimmung kann sich ändern und entwickeln.

PRAKTISCHE ÜBUNG

Bevor Ihre Reise zum Bewussten Führen zu Ende geht, kommt hier noch eine letzte Übung. Denken Sie über die folgenden drei Fragen nach:

Was sind Sie bereit loszulassen?
Wofür sind Sie bereit, sich zu öffnen?
Wofür sind Sie dankbar?

Stellen Sie sich vor, Sie stehen auf einer hübschen Holzbrücke und schauen auf einen Fluss, der von den Bergen kommt und über glatte graue Felsen dem Meer entgegeneilt.

Sie blicken flussabwärts und spüren die Energie des Wassers, das unter Ihnen und von Ihnen weg fließt. Sie schließen die Augen und stellen sich eine Sache vor, die Sie loslassen können, die vom Fluss weggetragen und im Meer transformiert wird.

Nun drehen Sie sich um und empfangen die frische Energie des Flusses, der auf Sie zufließt. Sie spüren seine Kraft und überlegen sich eine Sache, für die Sie sich in Ihrem Leben öffnen können. Stellen Sie sich vor, wie das Wasser des Flusses diese Sache zu Ihnen trägt und Sie sie mit offenen Armen empfangen.

Dann legen Sie Ihre Hände aufs Herz und spüren die Wärme der Dankbarkeit.

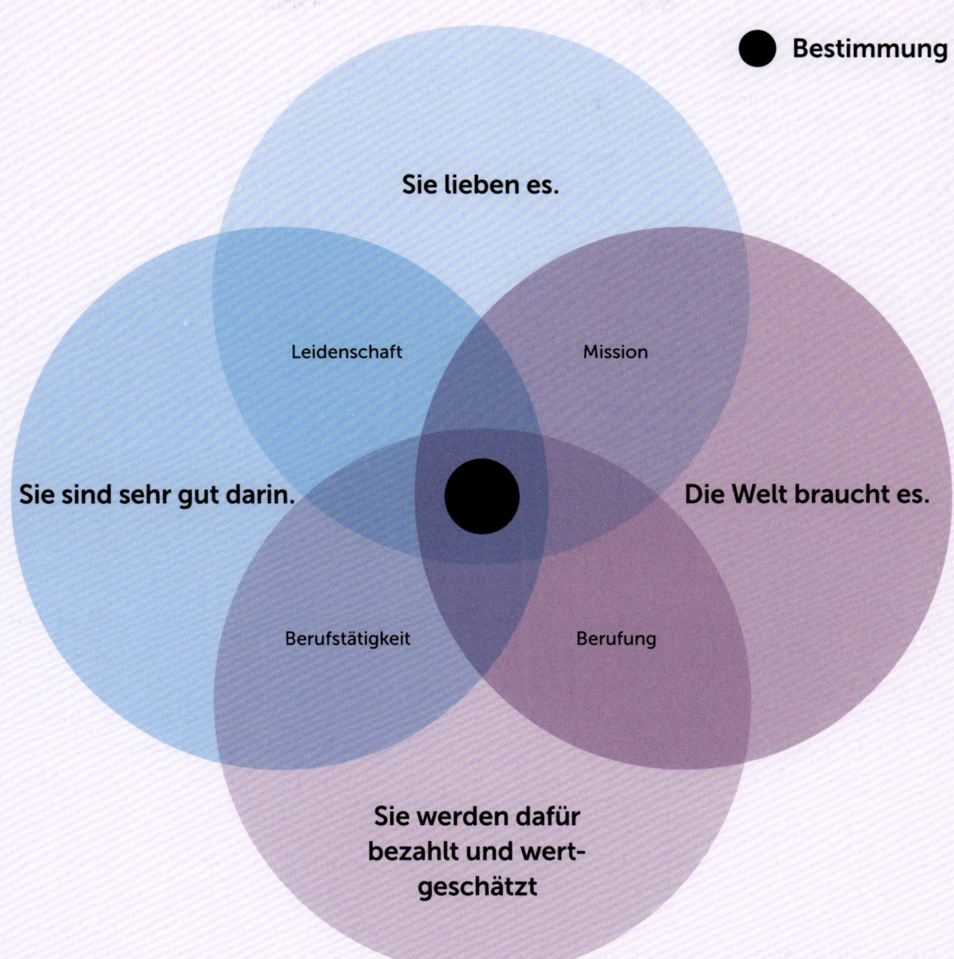
Bestimmung
Sie lieben es.
Leidenschaft
Mission
Sie sind sehr gut darin.
Die Welt braucht es.
Berufstätigkeit
Berufung
Sie werden dafür
bezahlt und wert-
geschätzt

TOOLKIT

17

Um gut zu führen, müssen Sie aufmerksam zuhören können und Gefallen an ehrlichem Feedback in beide Richtungen finden. Diese oft übersehenen Fähigkeiten besitzen große Macht und können Sie von der Konkurrenz abheben.

18

Der Unterschied zwischen Perfektionismus und Optimalismus ist tiefgreifend. Zwar stehen beide für hohe Leistung und herausragende Ergebnisse, aber Optimalismus ist außerdem mitfühlend, realistisch und menschlich. Wenn wir unsere Menschlichkeit anerkennen, indem wir unsere Verletzlichkeit zeigen, ist es uns möglich, uns zu öffnen und mit den Menschen um uns in Verbindung zu treten.

19

Kreativität ist standardmäßig in jedem Menschen angelegt. Sie will zwar gewürdigt, genährt und zum Ausdruck gebracht werden, ist aber auf jeden Fall vorhanden und steht Ihnen in diesem Augenblick zur Verfügung. Ob Sie einen innovativen, einfühlsamen Führungsstil anstreben oder Kreativität in anderen kultivieren möchten – es gibt praktische Werkzeuge, die Ihnen helfen, Ihre Pläne kreativ in die Tat umzusetzen.

20

Der Weg des Bewussten Führens ist der Weg zum Einklang. Mit einem gesteigerten Bewusstsein können Sie Ihre Berufung, Ihre Begabungen und Ihre Einzigartigkeit besser verstehen. Diese wertvolle Zusatzgabe der Selbsterkenntnis kann sich in starken Entscheidungen zeigen, die Sie näher an Ihre innere Harmonie heranführen – einen Raum, wo Bestimmung und Lebensfreude auf Leidenschaft und Berufung stoßen. Denken Sie einen Moment darüber nach und schreiben Sie auf, wie weit Sie gekommen sind.

ZUR VERTIEFUNG

LESEN

Konzentriert Euch! Eine Anleitung zum modernen Leben
Daniel Goleman (Piper, 2015)

Drawdown – Der Plan. Wie wir die Erderwärmung umkehren können
Paul Hawken (Gütersloher Verl., 2019)

The Pursuit of Perfect
Tal Ben-Shahar (McGraw Hill, 2009)

The Mind of the Leader. Wie Sie sich, Ihre Mitarbeiter und Ihre Organisation zu außerordentlichen Ergebnissen führen
Rasmus Hougaard & Jacqueline Carter (Verlag Franz Vahlen, 2020)

Der Seele Raum geben – Wie Leben gelingen kann
Thomas Moore (Claudius, 2010)

AUSPROBIEREN

Das englischsprachige Nachrichtenportal **Upworthy** will Veränderungen anstoßen bei wichtigen Fragen, die allgemeine Aufmerksamkeit finden und großen Diskussions- und Handlungsbedarf haben. www.upworthy.com

Das Online-Medium ***Nur positive Nachrichten*** berichtet zu unterschiedlichen Themen und hält Rezensionen sowie inspirierende Geschichten und Zitate bereit. https://nur-positive-nachrichten.de

ANHÖREN

„The Psychology of Performance, How to Be Your Best in Life" von Dr. Eddie O'Connor (aus der Reihe „The Great Courses", www.audible.de)

BESUCHEN

Wenn Sie sich von weltweit renommierten Experten zu den Themen Business, Bewusstheit, Achtsamkeit und moderne Technologien inspirieren lassen wollen, bietet die jährlich in San Francisco stattfindende Konferenz **Wisdom 2.0** reichhaltigen Input. www.wisdom2summit.com

EPILOG

Nun, da das Buch sich seinem Ende zuneigt, möchte ich Ihnen danken und auch gratulieren, dass Sie sich auf diese Reise eingelassen haben.

Wie bei allen Dingen, wohnt auch diesem Ende ein Neuanfang inne. Mit dem Umblättern der letzten Seite liegt eine wunderbare Zeit voller Möglichkeiten vor Ihnen. Vielleicht nutzen Sie die Gelegenheit, um sich einen Überblick über Ihre zahlreichen Errungenschaften und Begabungen zu verschaffen, Ihren steten Fleiß zu würdigen, dankbar dafür zu sein, dass Sie am Ball geblieben sind, und sich als die bewusste Führungsperson anzuerkennen, die Sie sind.

Es ist auch der ideale Zeitpunkt, über die Fragen und Erkenntnisse nachzudenken, die Sie mitnehmen. Wenn Sie konkrete Pläne haben, ist jetzt der richtige Moment, einige Notizen zu machen und Ihre Inspiration zu nutzen. Und wenn Sie die begonnene Arbeit fortsetzen möchten, stellen Sie sich folgende Frage:

An welche mir im jetzigen Augenblick wichtig erscheinende Idee oder Frage will ich mich in einer Woche, einem Monat, einem Jahr noch erinnern können?

Dann setzen Sie drei Zeitpunkte innerhalb des kommenden Jahres fest, an denen Sie über ein bestimmtes Thema nachdenken, eine Frage angehen oder sich an eine wichtige persönliche Erkenntnis erinnern.

Ihnen ist wahrscheinlich aufgefallen, dass das Buch Sie mit mehr Fragen als Antworten zurücklässt. Wenn Sie das Gefühl haben, dass Sie noch viele Lektionen vor sich haben, ist das ein gutes Zeichen. Schließlich kommt vor der Weisheit die Verwirrung, Sie befinden sich also auf dem richtigen Weg.

Lassen Sie mich zum Schluss noch anmerken, dass unsere Welt bewusste Führungskräfte bitter nötig hat, mutige

Unsere Welt hat bewusste Führungskräfte bitter nötig ... bewusste Führungspersonen wie Sie!

Menschen, die sich der Selbsterkenntnis verschrieben haben, gut für sich selbst sorgen und mit sich umgehen können, in ihre Selbstentfaltung investieren und den Weg der Selbstwerdung beschreiten – bewusste Führungspersonen wie Sie!

Wenn Sie zögern, möchte ich, dass Sie Mut fassen! Sie werden sich nie vollkommen bereit fühlen (selbst wenn Sie es sind!), aber Sie werden den Moment erleben, der Sie unwiderstehlich auffordert, Farbe zu bekennen und Ihr Schicksal zu gestalten. Ich wünsche Ihnen, dass Ihnen dann die Arbeit, die wir hier gemeinsam geleistet haben, helfen wird, sich sicherer zu fühlen, im Bewusstsein all Ihrer Fähigkeiten, in Verbindung mit Ihren inneren Ressourcen und anerkannt als der wunderbare Mensch, der Sie sind.

Ich lade Sie ein, diese Reise fortzusetzen und all das zu werden, was Ihre Bestimmung ist.

BIBLIOGRAFIE

KAPITEL 1

Kostadin Kushlev & Elizabeth W. Dunn, „Checking email less frequently reduces stress", ***Computers in Human Behavior***, 43, S.220–228 (2015)

Frances Booth, ***The Distraction Trap*** (Pearson, 2013)

Roman Krznaric und die School of Life, ***Wie man die richtige Arbeit für sich findet*** (Kailash, 2012)

Joseph Jaworski & Peter M. Senge, ***Synchronicity: The Inner Path of Leadership*** (Berrett-Koehler, 2011)

KAPITEL 2

Elemental Alchemy. Ein Blog über ayurvedisches Wissen für ein gesundes, modernes Leben: www.elemental-alchemy.com/blog/

James Joyce, ***Dubliner*** (Manesse, 2019)

Anna Halprin, ***Return to Health: with Dance, Movement and Imagery*** (LifeRhythm, U.S, 2002)

KAPITEL 3

Kelly McGonigal, ***Glücksfaktor Stress. Warum Stress uns erfolgreich und gesund macht*** (TRIAS, 2018)

Robert M. Sapolsky, ***Warum Zebras keine Migräne kriegen. Wie Stress den Menschen krank macht*** (Piper, 1998)

Deepak Chopra, ***Die sieben geistigen Gesetze des Erfolgs*** (Allegria, 2010)

Sharon Begley, ***The Plastic Mind*** (Constable, 2009)

KAPITEL 4

Jon Kabat-Zinn, ***Gesund durch Meditation. Das große Buch der Selbstheilung mit MBSR*** (Knaur.Leben, 2019)

Mark Williams & Danny Penman, ***Das Achtsamkeitstraining. 20 Minuten täglich, die Ihr Leben verändern*** (Goldmann, 2015)

Chade-Meng Tan, ***Freude auf Abruf. Von der Kunst, das Glück in sich zu entdecken*** (books4success, 2018)

KAPITEL 5

Don Richard Riso & Russ Hudson, ***Die Weisheit des Enneagramms, Entdecken Sie Ihren inneren Reichtum*** (Goldmann, 2000)

Sandra Maitri, ***Neun Porträts der Seele. Die spirituelle Dimension des Enneagramms*** (Kamphausen, 2002)

Daria Halprin, ***Was der Körper zu erzählen hat. Expressive Arts Therapy in Theorie und Praxis*** (K.Kieser Verlag, 2020)

Beatrice Chestnut PhD, ***The 9 Types of Leadership: Mastering the Art of People in the 21st Century Workplace*** (Post Hill Press, 2017)

Tony Hsieh, ***Delivering Happiness. Wie konsequente Kunden- und Mitarbeiterorientierung einzigartige Unternehmen schaffen*** (Verlag Franz Vahlen, 2017)

Brene Brown, ***Die Gaben der Unvollkommenheit*** (Kamphausen, 2012)

Eckhart Tolle, ***Jetzt! Die Kraft der Gegenwart*** (Kamphausen, 2012)

Eckhart Tolle, ***Eine neue Erde – Bewusstseinssprung anstelle von Selbstzerstörung*** (Arkana, 2015)

Robert K. Greenleaf, Larry C. Spears, et al., ***The Power of Servant-Leadership*** (Berrett-Koehler, 1998)

Robert K. Greenleaf, ***Servant-Leadership. Ein besserer Führungsstil?*** (GRIN Verlag, 2014)

DER AUTOR

Neil Seligman ist ein international tätiger Achtsamkeitsverfechter, Bewusstheitsvisionär und Autor. Er ist Gründer von „The Conscious Professional", Verfasser von *100 Mindfulness Meditations* und Schöpfer von „Soul Portrait Photography". Neil ist Spezialist für inspirierende Vorträge, Workshops und Seminare über Bewusstes Führen („Conscious Leadership"), Achtsamkeit und Resilienz für vielbeschäftigte Profis.
www.theconsciousprofessional.com

EBENFALLS LIEFERBAR:

Unsere Abhängigkeit von Technik wird mit jedem Tag größer, aber trotzdem wissen wir immer weniger über die von uns benutzten Geräte.

Hier kommt ein Updating zum Thema Moderne Technologie! Der Technik- und Wissenschaftsjournalist Gerald Lynch stillt unsere Neugierde mit einer kurzen und intensiven Einführung zu den wichtigsten aktuellen Errungenschaften des technischen und technologischen Fortschritts. Er untersucht, welchen Einfluss sie auf die Gesellschaft haben und wie wir sie nutzen können, um unser Potenzial voll zu entfalten.

In 20 Lektionen und zahlreichen Grafiken lernen Sie die bedeutendsten und spannendsten technologischen Entwicklungen unserer Zeit kennen, von fahrerlosen Transportsystemen über Künstliche Intelligenz (KI) bis zu Nanorobotern, damit Sie die Welt von heute, morgen und übermorgen besser verstehen. Zur Vertiefung wird am Ende jedes Kapitels auf weiterführende Literatur, Filme, Podcasts und Veranstaltungen verwiesen.

Gerald Lynch, derzeit leitender Redakteur der Technologie-Webseite *TechRadar*, war früher als Redakteur für die Webseiten *Gizmodo UK* und *Tech Digest* tätig, hat für Publikationen wie *Kotaku* und *Lifehacker* geschrieben und kommt regelmäßig bei der BBC als Technik-Experte zu Wort. Das ehemalige Jurymitglied für den James Dyson Award lebt mit seiner Frau in London.

**FIT FÜR DIE ZUKUNFT.
TECHNISCH UP TO DATE.**

Adam Ferner nimmt uns mit auf einen kurzen und intensiven Lehrgang zu den wichtigsten philosophischen Konzepten und zeigt, dass die Philosophie uns hervorragende Instrumente an die Hand gibt, um den Herausforderungen der Welt von heute zu begegnen. Nicht umsonst heißt Philosophie im Altgriechischen „Liebe zur Weisheit".

Angesichts der ethischen und moralischen Probleme, die unser moderner Lebensstil aufwirft, und der Bedeutung von Sozialkompetenz, lehrt uns die Philosophie, die richtigen Fragen zu stellen – und zu akzeptieren, dass wir nicht auf alle eine Antwort finden.

20 dynamische Lektionen führen uns von den Klassikern der Philosophiegeschichte zu den fortschrittlichsten Denkern unserer Zeit und machen Lust, ausgetretene Denkpfade zu verlassen und sich mit tiefgreifenden Themen zu beschäftigen.

Der Philosoph **Adam Ferner** hat in Frankreich und Großbritannien gelehrt, philosophiert aber am liebsten außerhalb des Elfenbeinturms. Neben seiner Lehr- und Forschungstätigkeit an der Universität schreibt er regelmäßig für *The Philosophers' Magazine*, arbeitet am Royal Institute of Philosophy und unterrichtet in Schulen und Jugendzentren in London.

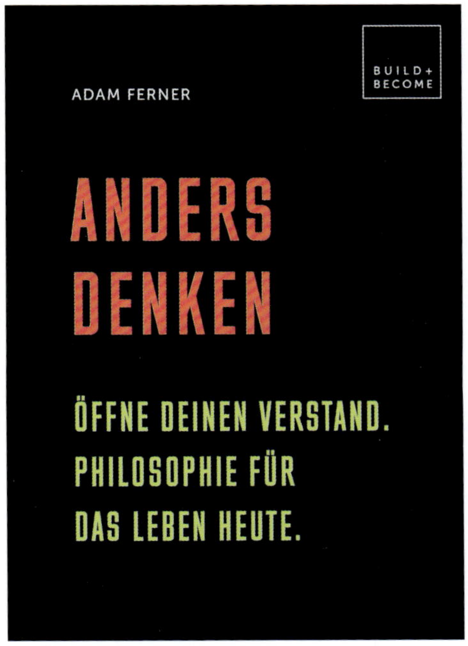

MIT PHILOSOPHIE IDEEN UND KRAFT FÜR DAS MODERNE LEBEN SCHÖPFEN.

Auf Grundlage aktueller Erkenntnisse aus der Verhaltenspsychologie und mit einem ungewöhnlichen visuellen Ansatz zeigt MENSCHENKENNTNIS, wie man seine Kommunikation optimieren, überzeugender argumentieren und die Motivation anderer besser einschätzen lernt – einfach dadurch, dass man versteht, warum Menschen bestimmte Dinge tun oder lassen.

In einer Welt, in der Kommunikation immer schneller abläuft, ist es von unschätzbarem Wert, die subtilen Verhaltensweisen zu verstehen, die im Hintergrund der alltäglichen Interaktionen ablaufen.

In 20 Einheiten „übersetzt" Rita Carter die Signale, an denen sich die wahren Gefühle und Absichten einer Person ablesen lassen, und zeigt auf, wie diese Zeichen sich auf Beziehungen auswirken und das Verhalten von Gruppen und Gesellschaften beeinflussen. Man erfährt die Erfolgsrezepte von Führungspersönlichkeiten und lernt, die Verhaltensmuster zu durchschauen, die bestimmen, wie wir handeln und kommunizieren.

Rita Carter hat einige preisgekrönte Bücher veröffentlicht, darunter *Das Gehirn, Gehirn und Geist* und *Atlas Gehirn*. Die wissenschaftliche Fachautorin mit dem Schwerpunkt Medizin und Hirnforschung lehrt in Seminaren und leitet internationale Workshops.
Ihr Spezialgebiet ist das menschliche Gehirn: Was es tut, wie es das tut und warum.
Rita Carter lebt in Großbritannien.

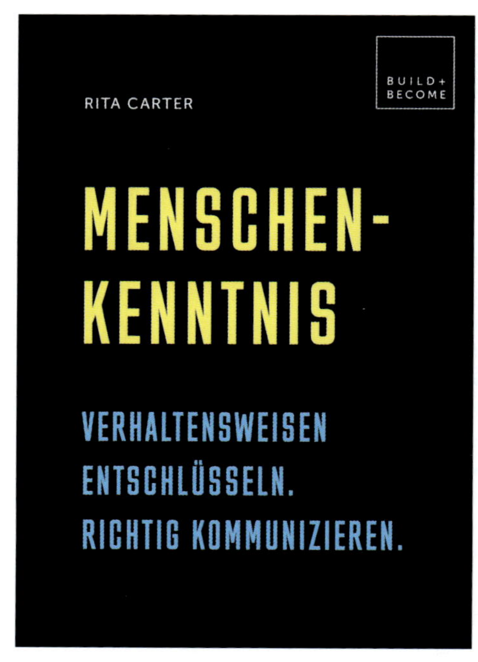

WIE DURCHSCHAUT MAN EINE LÜGE?

Kennen Sie dieses Gefühl, wenn Ihnen plötzlich klar wird, dass die Person, die Sie so gut zu kennen glaubten, absolut anders ist als Sie, wenn es ums Geld geht? Das kann eine Freundin sein, jemand aus der Familie oder sogar Ihr Partner, aber es fühlt sich so an, als käme die Person vom Mars.

Über das heikle Thema Geld – und besonders das eigene – kommunizieren wir ungern. Die Verhaltenswissenschaftlerin Nathalie Spencer zerstreut Vorbehalte und analysiert, wie wir über Geld denken und damit umgehen. Anhand von leicht verständlichen Grafiken zeigt sie uns, wie wir zu einem entspannteren Verhältnis zu unseren Finanzen gelangen.

Wie wirken sich bargeldlose Transaktionen auf unser Konsumverhalten aus? Warum können wir Sonderangeboten und Schnäppchen nicht widerstehen, und was bedeutet es wirklich, vorausschauend zu handeln? GUTES GELD zeigt Ihnen, wie Sie die Kontrolle über Ihre Geldangelegenheiten bewahren, und gibt wertvolle Anstöße, wie sich finanzielles Wohlbefinden erreichen lässt.

Nathalie Spencer arbeitet bei der Commonwealth Bank of Australia (CBA). Sie erforscht finanzielle Entscheidungsprozesse und wie richtig genutzte Erkenntnisse der Verhaltenswissenschaft zu größerer finanzieller Zufriedenheit führen können. Davor war Spencer in London bei der ING tätig, wo sie regelmäßig für *eZonomics* schrieb, sowie bei der RSA. Sie fungierte dort unter anderem als Co-Autorin von *Wired for Imprudence:* Behavioural Hurdles to Financial Capability.

KLUGE FINANZIELLE ENTSCHEIDUNGEN TREFFEN – ABER WIE?

„Dieses Buch heißt *Kreativ sein*. Achten Sie auf das Verb: ‚sein', nicht ‚werden'! Das ist wichtig, denn ich kann Ihnen versprechen: Sie müssen sich nicht erst auf eine lange Reise hin zur Kreativität begeben, sondern Sie *sind* bereits kreativ!"

Mithilfe von 20 praktischen, effektiven Übungseinheiten und zahlreichen Grafiken, die den dargestellten Sachverhalt anschaulich illustrieren, zeigt Michael Atavar Wege auf, Geist und Seele zu öffnen, eine neue Perspektive einzunehmen und die Kreativität zu entfesseln, die in jedem von uns steckt.

Egal, welche Leidenschaft man hegt, welche Kunst man ausübt oder welche Ziele man verfolgt – dieses Buch führt die Leser vom ersten, brillanten Einfall durch alle kniffeligen Entwicklungsschritte hindurch, bis tief schlummernde Ideen wahr werden.
Wir tun häufig so, als sei Kreativität etwas, das losgelöst von uns stattfindet. In Wirklichkeit aber, und das beweist dieses Buch, ist das schöpferische Element Teil unseres innersten Wesens.

Michael Atavar ist Künstler und Autor.
Er hat vier Bücher über Kreativität verfasst – *How to Be an Artist, 12 Rules of Creativity, Everyone Is Creative* und *How to Have Creative Ideas in 24 Steps*. Er bietet Einzel-Coachings an, leitet Workshops und hält Vorträge; es lohnt, seine Website anzuschauen: www.creativepractice.com

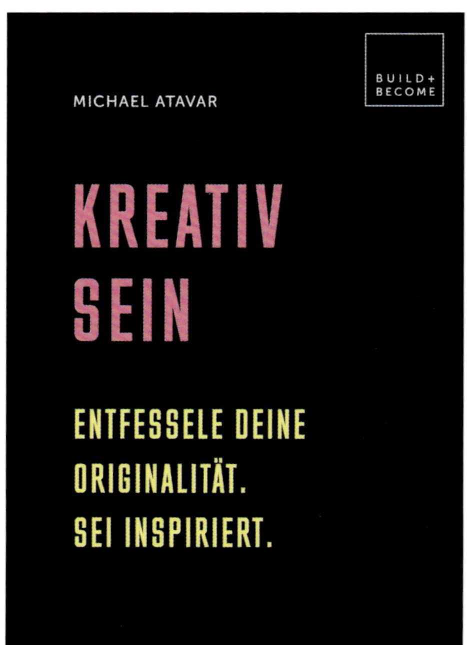

KREATIVITÄT FÄNGT BEI DIR AN!

Meinungsverschiedenheiten gehören zum Leben dazu. Gewinnbringende Meinungsverschiedenheiten sind eine Seltenheit. In der komplexen, von Widersprüchen geprägten Welt, in der wir leben, wird es immer schwieriger, sich produktiv auseinanderzusetzen.

In 20 inspirierenden Lektionen beleuchten die Philosophen Adam Ferner und Darren Chetty die drängendsten Debatten aus den Bereichen Politik, Gesellschaft und Bildung und eröffnen neue Möglichkeiten, wie mit privaten und politischen Konflikten konstruktiv umzugehen ist.

Adam Ferner war an philosophischen Fakultäten in Frankreich und Großbritannien tätig, aber am liebsten unterrichtet er Philosophie außerhalb der Universitäten, in Jugendzentren und anderen alternativen Lernräumen. Neben seiner wissenschaftlichen Forschung hat er zwei Bücher veröffentlicht, *Organisms and Personal Identity* (2016) sowie *Anders denken* (2019), und er schreibt für verschiedene philosophische und populärwissenschaftliche Zeitschriften. Er ist Mitherausgeber der Essays des Forum for Philosophy sowie Mitglied von Changelings (http://londonchangelings.blogspot.com), einer Schreibwerkstatt für Jugendliche im Norden Londons.

Darren Chetty hat wissenschaftliche Arbeiten zu den Themen Philosophie, Bildung, Rassismus, Kinderliteratur und Hip-Hop-Kultur veröffentlicht. Er war einer der Autoren des britischen Bestsellers *The Good Immigrant,* Co-Autor von *What Is Masculinity? Why Does It Matter? And Other Big Questions* und Mitherausgeber von *Critical Philosophy of Race and Education.*

ENTDECKE DAS FRUCHTBARE POTENZIAL DER MEINUNGSVERSCHIEDENHEIT!

LESEPROBE AUS *RICHTIG NEIN SAGEN*

Meinungsverschiedenheiten gehören zum Leben dazu. Gewinnbringende Meinungsverschiedenheiten sind jedoch eine Seltenheit und der vorliegende Band zeigt Ihnen Problemstellungen, Fallen und geeignete Wege aus dem Dilemma. In unserer von Widersprüchen geprägten Welt ist es eine besondere Herausforderung, sich produktiv auseinanderzusetzen.

In 20 inspirierenden Lektionen beleuchten die Philosophen Adam Ferner und Darren Chetty die drängendsten Debatten aus den Bereichen Politik, Gesellschaft und Bildung und eröffnen neue Möglichkeiten, wie mit privaten und politischen Konflikten konstruktiv umzugehen ist.

16 BUILD + BECOME

ERZIEHUNG

Denken kann harte Arbeit sein. Erinnern Sie sich noch an die Matheaufgaben in der Schule? Die Namen und Jahreszahlen im Geschichtsunterricht? Denken ist eine besondere Form der Aktivität, die Philosophen als „epistemische Arbeit" bezeichnen.

Manchmal wird erkenntnistheoretische Arbeit sogar bezahlt. Publizierte Autoren bekommen z. B. Geld dafür, dass sie sich Gedanken machen und diese in Büchern wie diesem hier niederschreiben. Aber Denken lässt sich nicht so leicht quantifizieren – oder doch? Indem wir diese Frage stellen, bitten wir Sie, eine bestimmte Aufgabe zu verrichten – eine Lösung zu ersinnen –, aber kann diese Aufgabe in „Arbeitsstunden" gemessen werden? Wieviel ist Ihre Antwort wert? Diese Unklarheiten bezüglich Quantität, Qualität und Wert führen dazu, dass Denken nicht immer als „echte" Arbeit interpretiert und daher auch nicht immer anerkannt oder angemessen bezahlt wird. Das muss man wissen, um einige der Asymmetrien anzugehen, die in alltäglichen Auseinandersetzungen auftauchen.

Wenn Opfer z. B. von Mobbing am Arbeitsplatz, institutionellem Sexismus oder systemischem Rassismus berichten, fragen viele: „Wie kann ich helfen? Was kann ich tun? Erzähl mir davon." Das sind gut gemeinte Fragen, aus dem Wunsch heraus, eine unfaire Situation zu verbessern. Aber leider bürden sie dem Opfer die Last auf, für die Antwort zuständig zu sein. Audre Lorde schrieb dazu in „Age, Race, Class, and Sex" (1995):

110

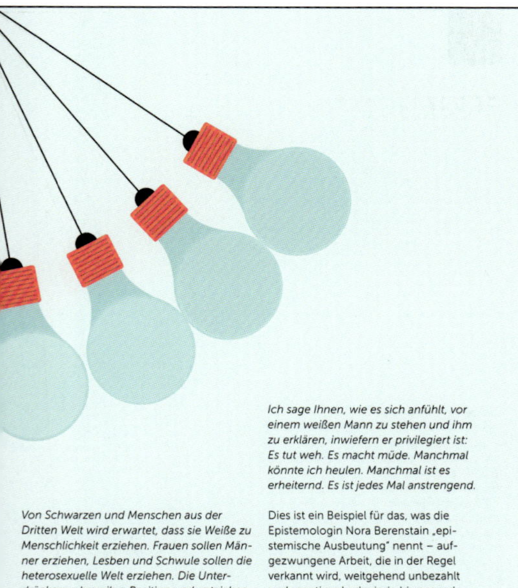

Ich sage Ihnen, wie es sich anfühlt, vor einem weißen Mann zu stehen und ihm zu erklären, inwiefern er privilegiert ist: Es tut weh. Es macht müde. Manchmal könnte ich heulen. Manchmal ist es erheiternd. Es ist jedes Mal anstrengend.

Von Schwarzen und Menschen aus der Dritten Welt wird erwartet, dass sie Weiße zu Menschlichkeit erziehen. Frauen sollen Männer erziehen, Lesben und Schwule sollen die heterosexuelle Welt erziehen. Die Unterdrücker wahren ihre Position und entziehen sich der Verantwortung für ihr Tun …

Die Kosten für das Erklären von Situationen und das Ersinnen von Lösungen können hoch sein – erst recht, wenn wir anderen von unserem eigenen Leid erzählen. In „So Real It Hurts" (2011) schreibt Manissa McCleave Maharawal:

Dies ist ein Beispiel für das, was die Epistemologin Nora Berenstain „epistemische Ausbeutung" nennt – aufgezwungene Arbeit, die in der Regel verkannt wird, weitgehend unbezahlt und emotional schwierig bis gesundheitsschädlich ist. Das dürfen wir nicht vergessen, wenn wir uns an schwierigen Diskussionen beteiligen. Verlangen wir zu viel von unseren Gesprächspartnern? Bitten wir sie, als Beweis für ein erlittenes Trauma dieses neu zu durchleben? Ist es in Ordnung, dass sie all die epistemische Arbeit leisten?

111

„Klug, prägnant, hochaktuell – ein unverzichtbarer Ratgeber zum Umgang mit alltäglichen Meinungsverschiedenheiten. RICHTIG NEIN SAGEN kommt genau zur rechten Zeit und ist notwendiger als je zuvor!"
– Gary Younge, *Guardian*

„Dieser auffallend gut gemachte, anregende Leitfaden zeigt, wie aus Meinungsverschiedenheiten fruchtbare Dialoge werden können. RICHTIG NEIN SAGEN gibt Ihnen das Rüstzeug, um mutwillige Ignoranz von unschuldigem Nichtwissen zu unterscheiden, auf beleidigende Witze zu reagieren und echte Solidarität zu kultivieren."
– Candice Delmas, *A Duty to Resist*

„Dieses absolut lebensnahe Buch zieht eine umfangreichen Palette an Denkern und Traditionen zu Rate, um einige unserer eingefahrenen Denkmuster hinsichtlich Meinungsverschiedenheiten zu entlarven und auf leicht verständliche Weise zu zeigen, wie wir es besser machen können."
– Lorna Finlayson, *London Review of Books*

„Ein lohnenswertes und sehr gut lesbares Buch, das nicht nur interessante Einblicke in den Umgang mit Redefreiheit und beleidigendem Humor vermittelt, sondern auch zeigt, wie wirkungsvoll Streiten sein kann – wenn man es richtig macht."
– Nikesh Shukla, *The Good Immigrant*

Wir leben länger als je zuvor und können dank immer neuer technischer Errungenschaften unvorstellbare Dinge realisieren. Aber warum mangelt es uns immer an Zeit? In 20 erhellenden Lektionen offenbart uns Catherine Blyth auf der Grundlage neuester Erkenntnisse aus Naturwissenschaft und Psychologie, warum uns die Zeit davonläuft, und gibt uns Instrumente an die Hand, um sie zurückzuholen.

Warum vergeht Zeit immer dann am schnellsten, wenn wir uns Verlangsamung wünschen? Wie können wir unser Tempo beeinflussen und warum passiert es uns ständig, dass wir Zeit vergeuden oder falsch einschätzen?

Aber wir können den Zeitfressern Einhalt gebieten, indem wir unsere innere Uhr neu einstellen, unseren Tagesablauf optimieren, uns am Augenblick erfreuen und die Langsamkeit entdecken. So lernen wir nicht nur, unsere Zeit zu genießen, sondern werden auch mehr erreichen.

Catherine Blyth ist Autorin, Redakteurin und war auch schon journalistisch tätig. Ihre Bücher, darunter *The Art of Conversation* und *On Time*, wurden weltweit veröffentlicht. Sie schreibt u. a. für *Daily Telegraph*, *Daily Mail* und *Observer* und moderiert die Radiosendung *Does Happiness Write White?* bei BBC Radio 4. Sie lebt in Oxford.

ZEIT IST DEIN LEBEN: STOPPE DIE ZEITFRESSER!

DANKSAGUNG

Die in diesem Buch versammelten Erkenntnisse gewann ich im Laufe vieler Jahre durch Begegnungen mit verschiedenen wundervollen Ratgebern, weise Traditionen, zufällige Gespräche, die Forschung, Interaktionen mit Kunden und meine eigenen Grübeleien. Besonders würdigen möchte ich meine Meditationslehrerin Georgina Eden, deren Erkenntnistiefe mich verblüfft und beflügelt.

Dass ich das Gelernte hier mit Ihnen, liebe Leser, teile, geschieht mit größtem Respekt und tiefer Dankbarkeit gegenüber den Autoren und dem Wissen unserer Vorfahren.

Mein besonderer Dank gilt Jessica Axe, die mich zu Quarto einlud und an meine Idee glaubte. Ich danke der Herausgeberin Lucy Warburton für ihren scharfen Blick und ihre genialen Einfälle – dadurch ist dieses Buch sehr viel besser geworden. Meiner Lektorin Emma Harverson danke ich, dass sie das gesamte Projekt mit so viel Geduld und Elan zum Erfolg geführt hat!

Schließlich geht ein Dankeschön an Jack Newman, Sachi Doctor, Adrian Seligman, David Benjamin Tomlinson und den stets geduldigen Ty (unseren schokoladenfarbenen Labrador) – ihr Feedback, ihre Ermutigungen und ihre liebevolle Begleitung während des gesamten Prozesses war genau das, was ich brauchte.